AF243542

HÆC SVNT INSIGNIA ORDI. MINIMORVM.
IHS
MRÆ
CHA RI TAS
VIE ADMIRABLE DV GLORIEVX
Pere et Thaumaturge
S. FRANCOIS de PAVLE
Instituteur de l'Ordre
des Minimes, dict de IHS.
MARIA.
Consacrée
AVX VICTOIRES DV ROY.
LOVIS LE IVSTE.
Par V. P. FRANCOIS
VICTON Religieux
dudict Ordre
et petit nepueu
du mesme St.
A PARIS
Chez Sebastien
Cramoisy Rue St
Iacques aux Ci-
gognes. 1622.

VIE ADMIRABLE

DV GLORIEVX PERE

ET THAVMATVRGE S

François de Paule, Inſtituteur de l'Ordre des Minimes, dit de IESVS-MARIA.

Conſacrée aux victoires & triomphes du Roy LOVYS LE IVSTE.

Par V. P. F. FRANÇOIS VICTON, Religieux dudit Ordre.

Auec vne briefue & ſommaire Chronique.

A PARIS,

Chez SEBASTIEN CRAMOISY, ruë S. Iacques aux Cieognes.

M. DC. XXIII.

Auec Priuilege, & Approbation.

AV ROY.

IRE,

Je n'aurois pas les iustes sentimens d'vn fidelle Catholique, & meriterois encor moins l'honneur & le bon-heur du nom Religieux, si ie ne me laissois engager aux presentes & pressantes obligations, qui inclinent nos esprits à adorer profondement la prouidence diuine, qui a œuuré & exploicté par le zele tres-Chrestien de vostre Majesté, & va-

leur incomparable de ſes armes,
tant & tant de merueilles en
la reconqueſte de ſes terres re-
belles, reduction des meſcreans,
& reformation de tout l'ordre
Eccleſiaſtique, auec tel aduantage que la naifue & pure verité, commande à noſtre ſim-
plicité, de preſcher à tous les
peuples, Que Louys le iuſte
eſt le plus heureux & valeureux Monarque de la terre
habitable. Et qu'en peu de
iours de ſon bas aage, en vn
petit eſpace de ſon regne
plus fauoriſé du Ciel, il a
égalé, & qui plus eſt ſurpaſſé
la gloire de ſes deuanciers.
Oüy meſmes celle-là qu'ils

s'estoient acquis par les plus heroïques & signalées proüesses de leurs regnes entiers, & de plus longue durée.

Pourroit-il donc bien estre & paroistre aucun, si peu affectionné à la gloire de Dieu, & au seruice de vostre tousiours triomphante Majesté, (qui est l'image viuante de son eternelle grandeur) que de me charger d'aucun blasme, si ie me laisse emporter aux eslans de mes religieuses meditations, en la ferueur desquelles, par vn haut, pieux, & diuin motif, ie suis inspiré de consacrer à la memoire de vos trophées, appendre

au temple de voſtre gloire, *&*
preſenter ſur l'autel de vos ré-
centes victoires, la vie de noſtre
glorieux oncle *&* Patriarche
S. François de Paule; hors de
laquelle noſtre pauureté ne pouuoit ce ſemble fournir rien de
plus pretieux, ou digne des
conqueſtes de voſtre Majeſté.

Il eſt vray SIRE, ie le con-
feſſe ingenuëment, que l'indignité d'vn pauure Religieux,
la baſſeſſe d'vn ſtile rempant *&*
negligé dans la contrainte d'v-
ne hiſtoire raccourcie, *&* la pe-
titeſſe de l'ouurage, m'eſtran-
gent tout à fait d'vne ſi ſouueraine *&* diuine Majeſté qu'eſt
la voſtre, ſignamment emmy

tant de lauriers, & de trophées
dont chargée qu'elle eſt, elle ſe
fait admirer & accueillir par
les triomphes & magnificences
de ſa chere ville-monde de Paris: mais d'vn autre coſté ie
m'enhardis, quand ie viens à
me repreſenter & promettre,
que la clemence & pieté, les
deux fidelles & æuiternelles,
compagnes de ſa Iuſtice, donne-
ront lieu aux ſuiuantes conſide-
rations, & quand & quand
leur attribueront plus de poids,
& de creance qu'elles ne meritent pas.

Il eſt vray S i r e, le ſtyle eſt
bas, & l'œuure bien petit, mais
le ſujet en eſt haut & releué,

ã v

plein de merueilles & d'estonnement, puisque c'est la vie d'vn
Thaumaturge des plus glorieux
de l'Eglise, & des plus cheris
d'entre les Sainéts, qui de son
viuant mesmes a esté veneré
des Chrestiens, admiré de tous
les peuples, estimé des grands,
& recherché par les Roys vos
deuanciers, aux Prouinces desquels vostre Majesté succede
dautant plus glorieusement, que
facilement elle surmonte leur
valeur & sagesse.

Les Histoires font foy SIRE,
& toute la France sçait assez,
que N. P. S. François, le prodige du 14. siecle, l'artisan des
ouurages incogneus à la natu-

re, & inoüis au monde, a esté
vn soleil, qui s'éleuant sur l'horison de la Calabre, vint esclairer en son plus beau zenith,
dans le cœur de la France, pour
y estre respecté en son couchant,
par les Roys qui eurent ce bon-
heur que d'estre ses contempo-
rains ; des temps & regnes desquels, il bannit vn monde de
malheurs, non moins par ses
sages aduis, que par son innocence, par laquelle il comman-
doit au Ciel, gourmandoit les
elemens, & manioit à sa discretion leurs qualitez & influences, pour arrester la nature en son cours, dispenser sur ses
loix, & s'en seruir à des effects

autant fauorables , que surna-
turels & miraculeux.

Voſtre Majeſté SIRE,
pourra apprendre par le brief
deduit de ceſte Hiſtoire , que le
Roy Louys XI. le rechercha
bien loing dans l'aſpre ſolitude
de ſon Conuent de Paule, y
employa l'authorité du S. Siege, & credit de ſon Prince naturel, pour le pouuoir attirer
en ſes Prouinces : luy depeſcha
vn Ambaſſadeur pour l'y faire
accueillir comme vn Legat,
dans les terres de ſon obeyſſan-
ce: le prattiqua auec tant de deuotion & de reſpect, que ſexa-
genaire qu'il eſtoit, & d'vn eſprit peu maniable , il prenoit la

discipline de ses mains, ouurie-
res de prodiges, fondant en larmes sur l'excez de sa vie, aux
sages & patetiques remon-
strances de son Docteur Theodidacte. Et dura ceste deferen-
ce aux merites de nostre Patriarche, iusques au dernier
souspir de sa vie; si que n'ayant
ce Prince rien de plus cher en ce
monde, que, son fils Charles
huictiesme, il le laissa entre les
bras de sa protection, luy enchargeant entre autres remonstrances dignes d'vn Roy, qu'il ne
s'esloignast iamais des prouides
conseils de ce Sainct, qu'il disoit
auoir couronné ses iours malheureux, d'vne si douce &

Chrestienne fin, apres vne fi
eftrange & reprochable vie
qu'auoit efté la fienne.

  Charles huictiefme garda
fort eftroictement la remonftrance du Roy Louys fon pere,
cheriffant noftre P. S. François
comme l'œil de fon fcepire, &
le plus riche & noble fleuron
de fa Couronne, communi-
quant àuffi religieufement à fes
difciplines & aufteritez dans le
fecret de fa celle, que familierement & couftumierement il y
recherchoit fes confeils, & encor plus heureufement les prattiquoit, n'ayant iamais man-
qué de reuffir en fuiuant fes
aduis, comme iamais il ne re-

cogneut auoir prosperé en ne les
suiuant pas. Que si c'estoit chose honorable à S. François d'e-
stre le mignon des Cieux, ce
n'estoit pas vn petit heur à
ce Prince, d'estre singuliere-
ment chery du Sainct, puisque
son affection appaisoit le courroux de Dieu, & attribuoit
en la ferueur de ses prieres, non
sans miracle visible, les victoires au party fauorisé, ainsi que
l'on a remarqué aux batailles
de Fornouë & S. Aubin. Vn
seul malheur arresta ce valeureux Prince, en la course de
ses conquestes, sçauoir, de n'a-
uoir creu au conseil prophetique du S. qui le menaça des

fleaux de Dieu, s'il s'abandon-
noit plus à ſes paſſions : car ſuiuant la prophetie, le Roy mourut ſoudainement, & ſes enfans furent preſque auſſi-toſt
retirez au Ciel, qu'ils parurent au monde.

Vint apres Louys douzieſ-
me, qui par l'inſtigation de
quelques mal-veillans, negli-
gea le Sainct homme, mais les
ſages de ſa couronne, luy ayant
remonſtré les eſclandres qui
écraſerent le Diademe de Naples, peu apres ſon depart d'I-
talie, il le fiſt r'appeller pres de
ſoy, & luy meſme vint luy
demander pardon, par vne pri-
uée & religieuſe conference de

trois ou quatre heures , dont il
sortit baigné de larmes: Et pro-
testa qu'il n'eut iamais peu
croire qu'il y eust eu vn si S.
personnage sur la terre, & qu'il
luy auoit decelé les plus secrets
mouuemens de sa conscience.

Que si N. P. S. François
n'eust donné miraculeusement
aux François , vn Prince
François pour estre leur I.
Roy François : Louys dou-
ziesme n'eust eu vn tel successeur ny vostre Majesté
Sire, l'honneur & l'aduantage d'esteindre, par l'heureux
rencontre de ses armes, la gloire des batailles d'vn des plus
valeureux & Religieux Mo-

A|v Roy.

narques, qui ait iamais porté le
sceptre qu'elle tiét en ses mains.

Or Sire, encores que la gra-
uité & dignité des choses signalées, qui s'empressent en
mon esprit, pour couler au bout
de ma plume, me dispensassent
des loix d'un style epistolaire:
neantmoins crainte d'estre ennuieux à vostre Majesté, ie
passeray sous silence les grands
seruices que l'innocence de N.
P. S. François a rendu de son
viuant à tous les Potentats de
la Chrestienté, & comme l'on
doit à ses merites l'expulsion
des Maures, secte maligne &
barbare des terres Espagnoles,
& comme l'on luy doit aussi la

desroute des *Turcs* & *Maho-*
metans, qui venoient desoler
toute l'*Eglise* en la surprise
d'*Otrante*: sans remarquer que
plusieurs *Prouinces* *Chrestien-*
nes, ont esté conseruées dans
l'integrité de la foy orthodoxe,
par le grand bruit de ses miracles, qui estoient les seaux indubitables de la vraye creance.
Ce que recognoissâs les premiers
Protestâs, & *Sectaires* de vostre *Royaume*, ils furent bien
si desnaturez que de tirer le
corps *S.* du sepulchre (auquel
il auoit esté miraculeusement
gardé frais & entier plusieurs
années) pour le brusler sur le
bois de la *Croix*, pēsant par ce

moyen diſſiper la deuotion des
fidelles enuers ſa memoire, &
rauir à vos peuples Catholiques le ſainct pauois de ſes in-
terceſſiōs, pour s'oppoſer à leurs
meſchans & pernicieux deſſeins, que Voſtre Majeſté a
deſcouuert ſi ſagement, & ar-
reſté ſi valeureuſement, en ſorte que comme l'entrepriſe a
ſurpaſſé l'attēte des plus grands
ceruaux: certes l'execution en
doit eſtre rapportée à des cau-
ſes plus hautes & ſecrettes, du
nombre deſquelles ie pourray
mettre l'aſſiſtance de N. P. S.
François, reclamée par tous
nos Peres à chaſque moment de
chacune heure, & particulie-

rement (cōbien qu'auec moins
de merite) par mon indignité,
me perſuadant que i'en auois
vne dautant plus eſtroicte obligation, que ie touchois de plus
pres à N. S. Patriarche , que
le commun de mes confreres,
& que plus il zeloit la protection de voſtre Domaine, comme de celuy qui a eſté fait le ſa-
cré depoſitaire de ſes os , &
l'illuſtre theatre de ſes miracles.

Et ie ne doute point S I R E,
qu'à ces iours bien-heurez de
voſtre entrée triomphante dãs
voſtre ville de Paris, il n'ait
aſſemblé dans le Ciel Empyrée,
vn chœur des Anges tutelai-

res de vostre Couronne, pour
leur faire ioindre & marier
des Cantiques d'allegresse &
d'action de graces, aux affe-
ctueuses acclamations de vos
peuples, au milieu desquelles
il semble vouloir se representer
en ceste Histoire de sa vie,
(que le Ciel a voulu qu'vn
de ses Nepueux & Religieux
presentast à vostre Majesté)
pour la recognoistre & con-
gratuler de ses victoires, en la
conuiant à d'autres plus augu-
stes & glorieuses, pour l'heureux succez & progrez desquelles, forme ses vœux dans
le secret de son cœur, presente
ses sacrifices sur les autels re-

doutables, & enuoye ses souf-
pirs au Dieu d'eternité, par
l'entremise de son mesme glorieux Patriarche & parent,

SIRE,

De vostre Majesté,

Le tres-humble & tres-obeïssant
sujet F. FRANÇOIS VICTON,
pauure Minime IESVS-MARIA.

De vostre Royal Conuent de N. P. S.
François de Paule au Parc Royal, ce 10.
iour de Ianuier 1623.

AV LECTEVR.

AMY Lecteur, il y a long-temps que i'attendois vne Histoire abbregée de N. P. S. François, de quelque plume bien taillée : mais en fin ne voyát aucun qui se voulust employer en vn sujet si profitable à l'Eglise de Dieu, ie me suis laissé persuader à des personnes d'authorité & de creance, que l'on excuseroit l'impolitesse de mon style, sur le zele & affection que ie dois singulie-
rement

rement auoir à l'esclaircisse-
ment de la gloire de noſtré
glorieux Patriarche ſainct
François de Paule, comme
ayant cet honneur que de
deſcendre de ſa tige. Ce n'eſt
pas que l'on n'ait par cy-deuant trauaillé à la miraculeuſe vie de ce Thaumaturge : mais i'ay conſideré que
trois motifs empeſchoiét le
ſimple vulgaire de beaucoup
profiter en leurs ouurages,
quoy que dignes de loüan-
ge : ſçauoir la trop grande
longueur des diſcours, qui
broüillent vn eſprit tra-
uaillant à l'vnique recherche des faits du Sainct : ſe-
ē

condemnent la methode
qu'ils y ont tenuë, dautant
que ces Historiens ayans
reduit les gestes du Sainct
Patriarche à certains chefs,
à la mode des Orateurs pour
donner plus de grace à leurs
desseins (outre qu'ils ont
negligé le style historique,
qui requiert vne suitte de
temps) ils ont encouru ceste disgrace, de grossir outre
mesure leur histoire, leur
ayant esté force de repeter
vne mesme action, ou mi-
racle quelquefois en quatre
cinq ou six endroits. Ce
qu'ils ont pourtát fait pour
mettre en euidence la di-

gnité des œuures meritoi-
res & miraculeuſes de N. P.
S. François, puiſque conſi-
derées & priſes en diffe-
rentes faces, elles ſe voyent
partir de differentes vertus.
Et troiſieſmement vn rap-
port ennuyeux & nud de ſi
grande quátité de miracles,
que l'attentió du Lecteur s'y
laſſe eſtrágement. Mon deſſein a eſtéde raualerl'ouurage pour le rendre plus vtile :
d'affecter le ſtyle negligé, à
ce qu'il ſoit receu des ſim-
ples:de raccourcir ceſte vie,
pour faire naiſtre le deſir à
pluſieurs de la lire: de laiſſer
les diſcours aux plumes mi-

gnardes, pour donner plus
de clarté, netteté, & facilité
à l'histoire,& en vn mot re-
noncer à l'honneur que l'on
pouuoit se promettre en vn
ouurage plus eslabouré
pour aduancer dauantage
la gloire de N. B. Patriarche & Parent.

Au reste ie te desire ad-
uertir que ie n'ay retranché
ou obmis que fort peu d'a-
ctions ou miracles en la cognoissance desquelstu peusse profiter ; i'ay suiuy principalement les procez de
Canonization,&autres ma-
nuscripts concernans la vie
& miracles du Pere S. Fran-

çois, sans que ie me sois ar-
resté à ce qui a esté mis en
lumiere cy-deuant: parquoy
si tu remarques en quelques
circonstances de miracles,
ou autres rencontres & sujets, quelque difference d'a-
uec ce qui a esté escrit, per-
suade toy que ie l'ay treuué
ainsi en des monumens de
l'antiquité, qui me sont
d'indubitable creance.

I'ay suiuy tant que i'ay peu
le style historique, rappor-
tant les miracles le plus proprement qu'il a esté possi-
ble, aux temps, lieux, &
Conuents, ausquels ils ont
esté faits, exceptez quel-

ques vns, que pour donner grace à vn Chapitre ou deux, que i'ay trásportez ailleurs: ioint aussi qu'ils n'auoient lieu quelconque de propre, qu'on ait peu remarquer dans le procez de la Canonization.

En fin i'ay tellement condescendu à la sollicitation de ceux qui ont desiré ceste entreprise de mon incapacité, que ie laisseray la gloire & le cours aux liures de ceux qui l'ont merité, n'ayant entendu d'entrer en lice auec aucun pour la palme de gloire, & le laurier d'honneur: mais seulement

pour l'vtilité du prochain,
que i'ay defiré procurer en
cefte petite Hiftoire.

Que fi ie viens comme
i'efpere à la feconde im-
preffion, affeure toy (mon
cher Lecteur) que i'y mettray la derniere main, & re-
uerray beaucoup de lignes
qui fe font efchappées, tant
pour mon abfence, que
pour la trop grande preci-
pitation de l'ouurage parmy tant d'autres occupa-
tions. Adieu.

é iiij

AV V. P. FRANCOIS
Victon, fur fon Hiftoire de
N.P.S. François de Paule.
O D E.

CEluy qui d'vne main legere,
Fit, que l'Iliade d'Homere
Efcrite fort fubtilement :
Dedans la coquille menuë,
D'vne noix fe vit contenuë,
En fut loüé tref-amplement.

    Celuy qui fceut faire vn nauire,
Et tout l'attirail qu'il defire,
L'ayant fi à l'eftroict rangé :
Que d'vne moufche la fimple aifle
Le pouuoit cacher deffous elle,
Fut de grand los auantagé.

    Celuy-là qui peuft contrefaire,
En vne cryftalline Sphere,
Le Ciel, & fes dimenfions,
Tous fes mouuemens admirables;
Fut iugé n'auoir fes femblables,
En fi belles inuentions.

    Mais fi ceux-là tant on admire,
Pour ce que nous venons de dire,
Quelle loüange a merité ?
L'autheur dont la courante plume,

Enferme en si petit volume
Ce qui n'estoit point limité.

La saincte vie, & les miracles,
Les vertus, & les vrais oracles
De nostre Sainct Instituteur :
Auec vne si douce phrase,
Si claire, si pleine d'emphase,
Qu'il esgalle tout autre Autheur.

Si sainctement nous voulons viure,
Ayons tousiours en main ce liure,
Ruminons-en bien le discours :
Les rencontres, les belles pointes,
Les matieres si bien coniointes,
Nous y prendrons plaisir tousiours.

Il nous sera tres-profitable
Autant ou plus que delectable
Nous le porterons aisement :
Car le superflu du langage
Reietté de tout homme sage,
Ne le grossit aucunement.

Que le puissions nous si bien lire,
Que sa lecture nous attire
A si bien faire en ces bas lieux :
Qu'apres ceste mortelle vie
Nostre chere ame soit rauie
A l'eternel seiour des Cieux.

F. NICOLAS GIRAVLT. M.

SONNET.

Aux Reuerends Peres Minimes de la place Royale.

GErme du Ciel admirable semence,
  Qui du bon Dieu diuinement in-
  struits,
  Au droict chemin redressez les seduits,
  Pour les remettre à la vraye creance.
Vos Oraisons, auec vostre innocence,
  Et vos sermons, & vos doctes escrits,
  Font que Satan renfermé dãs son puits,
  Est sans espoir de nous faire nuisance.
Car Sainct François, pour vous veille tousiours
  Quand ses Nepueux, & les nuicts & les iours
  Au Tout-puissant, addressent leurs prieres.
Mais qui plus est, & que desia ie voy,
  C'est que Dieu fait pour LOYS nostre Roy
  Vn beau Chappeau de graces singulieres.

LOYS D'ORLEANS.

PREFACE.

AV R. P. ANTOINE
du Pro Prouincial de l'Ordre des Minimes en la Prouince de France, & tous mes tres-chers & honorez Confreres de la mesme Prouince.

ENCORES que ceste Histoire (mon Reuerend Pere) ait esté principalement dressée en raccourcy, pour l'vsage des ames craignantes N. S. qui dans le Siecle s'efforcent d'approcher de sa Majesté Souueraine, par l'imitation de ses Saincts; si toutesfois me suis-je persuadé, qu'elle ne seroit inutile aux pieux & religieux exercices de

mes Confreres vos tres-obeïſ-
fans ſujets, & tous autres qui
ſous l'auriflamme de la Charité
de N.P.S. François combattent
contre les vices, dãs le regiment
de noſtre ſainɗe Religion. Ce
n'eſt pas pourtant que iamais ie
me ſois figuré qu'ils en euſſent
beſoin : car ie ne ſuis pas à ſçauoir & experimenter, que l'eſprit primitif de noſtre commun
Patriarche, ſoit aujourd'huy, &
ait eſté touſiours tellement reſ-
pandu ſur leurs cœurs par des
eſlans continuellement affe-
ɗueux, ſur leurs eſprits par des
diuines & anagogiques conſi-
derations, ſur leurs aɗions par
des prattiques de vertus totalement heroïques & Chreſtiennes : que quand i'euſſe perdu
l'archetype de l'admirable per-
feɗion de N.P.S. François; i'en
euſſe touſiours recouuert en

leurs communes obseruances,
vne Idée plus que baſtante, pour
en tracer & pourtraire vn Image en ce tableau raccourcy. Ce
qui peut-eſtre a eſté vn des motifs, pour leſquels nos premiers
Peres, ont tant negligé de laiſſer
par eſcrit les exercices, rauiſſe-
mens, contemplations, & genre
de vie de noſtre glorieux Fondateur : voulans que tous les
Conuents de l'Ordre, en fuſſent les volumes, & qu'vn chacun des Religieux en fuſſent les
lettres & characteres bien
moulez, leſquels aſſemblez for-
maſſent & compoſaſſent le deduit entier de ſes excellentes
prattiques.

Et certes, nous autres qui tra-
uaillons à la recherche de ſi memorables actions pour le ſeruice du public, remarquons que
nos deuanciers ont eſté ſi reli-

gieufement formez en cefte refolution : que n'eftoit les procez
verbaux & informatiõs faites au
fujet de fa Canonization, par authorité du S. Siege, nous n'au-
rions autres marques quelcon-
ques des geftes memorables de
noftre incomparable Thaumaturge. De là vient auffi, que prefque toute fa vie par nous defcri-
te, ne prefche que merueilles, ne
contient que miracles : lefquels
comme ils font les marques ordinairement infallibles d'vne
tres-finguliere & prodigieufe
innocence ja acquife : auffi font
ils des vifs & poignans efperons,
pour picquer les ames plus tar-
diues à la recherche d'vne non
commune fain&eté, non encor
acquife & obtenuë.

Permettez moy de grace mes
tres-honorez Confreres, qu'en
cecy ie defcouure vn trai& de

l'ineffable prouidence du Ciel
fur noftre fainćte Religion: car
N. S. cognoiffant que no-
ftre nature pleine de fetardife &
lafcheté, pourroit peut-eftre fe
voir effrayée & retardée en la
pourfuitte des vertus, par la difficulté & afpreté des aufteres &
contrepointées prattiques de
noftre glorieux Fondateur, fa fageffe ne nous a voulu prefque
rien laiffer deuant les yeux, que
l'efclat de fes miracles, la douceur de fes contemplations, les
priuileges de fes extafes & rauif-
femens, & la gloire de fon honorable & defirable conuerfation deuant Dieu & les hommes, à celle fin que nous fuffiõs
plus animez à la foigneufe recherche (non point par voye de
cognoiffance & fimple fpecula-
tion, mais de prattique & imitation) de fes inimitables perfe-

ctions: attendu que iamais pour les cognoiftre & efcrire, nous n'arriuerons à pareil comble de gloire que luy: fi bien pourtant en figurant dans la ferueur de nos exercices, & genre de vie, l'innocence de fes treffainctes mœurs.

L'Apoftre Theodidacte S. Paul haut loüoit les Corinthiens quand il les difoit eftre l'Epiftre panegyrique de N. S. & la fienne, fondé fur ce que la droicture de leur celefte conuerfation fur la terre, atteftoit mieux les rares qualitez, doctrine & vie de leur Nomothete & Precepteur, que n'euffent fait aucunes lettres teftimoniales qu'il euft peu porter: de forte qu'en quelque côtrée du monde que cheminaft cet Heraut & Trompette du Ciel, il ne fe renômoit point d'ailleurs, que de l'infti-

tution & fondation des premie-
rés Eglises & Communautez
du Christianisme. O que c'est
vne belle & riche legende des
Sainéts Patriarches ! quád leurs
enfans & Religieux s'estudient
tellement à former & rapporter au naturel les viues emprein-
tes de leurs diuines vertus, qu'ils
en donnent vn irrefragable tes-
moignage , par l'humilité &
charité de leur exemplaire conuersation.

L'acte plus digne, heroïque,
& meritoire du Christianisme,
est le Martyre. Et que pensez
vous mes tres-chers Confreres,
que ce soit du Martyre? Martyre
veut autant à dire que tesmoi-
gnage. Vous me serez, disoit N.
S. à ses bien-aimez Disciples,
Tesmoings en Iudée & Ierusa-
lem; & suiuant le Grec, Martyrs.
Ce qui n'est pas sans sujet & my-

ftere ; car c'eſt pour nous enſeigner qu'vne guirlande auſſi ver-
doyante, qu'eſt celle des Martyrs, honorera le chef de ceux,
qui par leur penible imitation,
voudront patir pour ſe rendre
dignes teſmoings des vertus ori-
ginaires & premieres des Sainᶜts
Patriarches, dont ils profeſſent
les Reigles, & gardent les Inſti-
tuts.

Qu'il falloit bien, ô glorieux
& deuot Pere S. Bernard, que
voſtre plume fuſt maniée par
l'eſprit de N. S. & taillée par
quelqu'vn des plus hauts Cherubins, quand vous nous deſ-
couuriſtes vn ſecret en vos pieux
eſcrits, en eſtabliſſant vn long
Martyre, dans l'obſeruance des
auſteritez des Religions: Ce que
ie crois eſtre tres-veritable, non
tant pour ce que d'eſtre indiſ-
penſablement attaché ſur la

Croix des constitutions Regu-
lieres, par les trois ou quatre
clouds des vœux solemnels, est
vne souffrance en quelque sens
comparable au Martyre; que
dautant que ne plus ne moins
que les fidelles Martyrs de N.
S. par leur constance & fermeté, dans l'horreur des tourmens
plus exquis, confirmoient &
protestoient quel estoit l'Esprit
autheur & conseruateur de l'e-
ternelle & inuariable verité de
leur creance: de mesme les bons
Religieux, dans leurs afflictions
& secousses de la saincte mortification, attestent par leur patience inébranslable, l'excellen-
ce non commune de leurs Insti-
tuteurs, tesmoignans par ce
moyen à tout le monde, qu'vne
garde si estroicte & inuiolable
de si rigoureuses obeïssances, en
consequence de si belles loix &

ſi ſainctement & prouidement
eſtablies , ne pouuoit ſortir que
d'vne admirable & tres-accom-
plie perfection de leurs Saincts
Patriarches.

O mes tres honorez Con-
freres! quant ie vous apperçoy
ſi fort rapportans dans les exte-
rieures & interieures occupations de noſtre ſacrée Religion,
les vrays pourfils & lineamens
de la ſpirituelle beauté de noſtre
B. Patriarche , & mien grand
Oncle, ie ne peux mieux vous
parangonner qu'à la nette &
claire glace de Veniſe, où les
eſpeces d'vne beauté ſans parangon , vont ſe ramaſſans ſi à
propos ; qu'en m'y mirant i'ay
ſujet d'y doublement admirer ,
& la ſaincteté de noſtre Nomothete, & quant & quant voſtre
accomplie , & incroyable imitatiõ de ſes incomparables per-

fections. Mais d'ailleurs, i'y defcouure la confufion s'emparer
de mon front, en forte qu'eu ef-
gard à la difproportion, qui eft
entre la tiedeur de mes exercices, & l'ardeur de vos prattiques: ie fuis forcé de me ietter
par terre aux pieds de mon S.
Patriarche, & luy confeffer
ingenuëment auec le Prodigue
de l'Euangile, *Pater, iam non fum
dignus vocari filius tuus.*

Ie vous laifferay donc mes
chers Confreres, monter fur la
croupe de Sinay, i'entends de
l'amoureufe & delicieufe contemplation, pour là comme des
autres Moyfes, y abboucher la
fageffe eternelle, & en fortir
rayonnans des clartez furcele-
ftes, caufes d'vn fi diuin & glorieux pourparler. Courez, (ô
mes Peres) auec le double efprit d'Helie, allumez & embra-

fez fur la montagne de Dieu
Horeb , au gré des refections
des fainctes Efcritures, & du
pain quotidien & furfubftantiel
que vous paiftriffez & prenez
chacun iour, fur nos adorables
autels. Soyez ces cerfs du Prophete Dauid , à qui les cimes
plus fourcilleufes des monta-
gnes, font des pleines & plattes
campagnes. Ie ioüiray touf-
jours d'vn fingulier plaifir, tandis que ie vous verray prendre
vos euiternels effors , dans le
plus haut des Cieux, en guife des
furnaturels Mamucques, ou oi-
feaux de Paradis, n'ayás aucuns
pieds d'affection mal reglée,
pour vous repofer fur la terre.
Viuez comme eux, plaifez vous,
& paiffez vous vniquement dás
l'air de la folide deuotion, de la
rofée des diuines douceurs. Que
vous foyez tous plus dignement

& richement parez d'vn bigarré plumage , de toutes les Religieuses & Chrestiennes vertus. *In vestitu deaurato circumamicta varietate.*

Et qui plus est, à la mode du Roy des animaux voltigeãs dans les airs, auoisinez de plus pres la plus proche region du Soleil de Iustice : presentez y vos yeux bien asseurez & affermis d'vn effort de grace surabondante: bandez y fixement le nerf optique de vostre continuelle introuersion. Car quant à moy (outre que i'ay manque des autres premieres qualitez que i'admire en vous) ie craindrois que la lueur d'vn si lumineux brandon, n'esblouïst la foiblesse de ma veuë, & que l'ardeur d'vne si vigoureuse flamme, n'en tarist & desechast l'humeur Chrystalline. Ce sera tousiours beaucoup à mon indignité de regarder ce Soleil lumineux, non pas *Sicut Aquila prouocans ad volandũ pullos suos.*

en ſa ſphere, comme les Aigles;
mais dãs le baſſin d'vne eau bien
claire, où ſes rais paroiſtront re-
jaillis, & ſa capable rondeur re-
preſentée, i'entends dans les
beaux miroüers des vies de ſes
Sainʤs, qui ſont les belles Idées
de la premiere & eſſentielle
ſainʤeté, & le tableau de ſes
inimitables & indicibles perfe-
ʤions.

C'a eſté le ſujet, pour lequel
plus affeʤionnement ie me ſuis
employé à la remarque & deſ-
cription de la miraculeuſe con-
uerſation de noſtre commun
Patriarche : Et dautant que ie
me ſuis perſuadé, qu'en maniant
le baume doux-flairant de ſes
rares vertus, i'en retiendrois
touſiours quelque delicieuſe &
agreable ſenteur : ie me ſuis re-
ſolu de les deduire & traiʤer en
ce trauail raccourcy, non pas
pour

pour en acquerir aucune estime,
(car aussi bien l'ouurage est de
trop basse estoffe) mais pour
tascher d'en deuenir meilleur.
C'est pourquoy (mon Reuerend Pere) i'implore apres vostre benediction, par ceste addresse, le mutuel secours de tous
mes Confreres, tant ceux qui
sont de vostre Prouince, que
ceux qui sont par toutes les
contrées où nostre Ordre est
estendu, reclamant leurs efficaces prieres; à ce que ne plus ne
moins, qu'Apelles en peignant
la belle Compaspe mignonne
d'Alexandre, grāua son amour
dans son cœur, par les traicts de
son desir, à mesure qu'il en traçoit les beautez sur la toile : de
mesme ie puisse m'allumer si
viuement de la saincte affection de ses heroïques vertus;
que ie les leur represente par

l'innocence & integrité de mes
mœurs, sous la côduite & obeïssance d'vn si accomply Superieur que vous estes. Car ce sera
alors qu'auec toute asseurance
ie me pourray veritablement
dire,

Mon Reuerend Pere,

De V. Reuerence,

Le tres-humble & tres-obeïssant
sujet, F. FRANÇOIS VICTON,
pauure Minime.

TABLE

DES CHAPITRES

CONTENVS EN CE present Liure.

Chapitre premier.

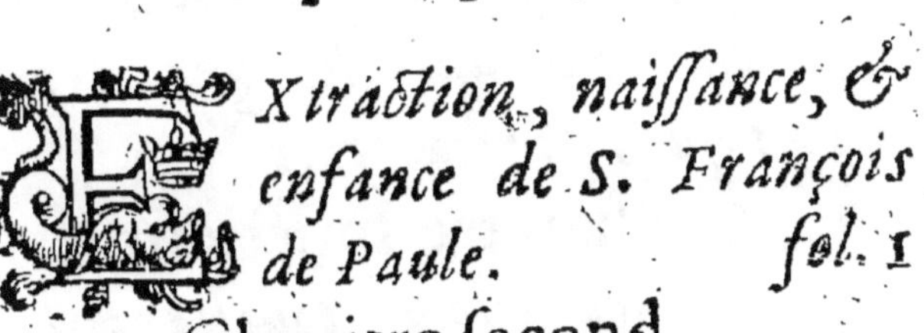

Table

ĩ iij

Licence du Reuerendissime Pere General de l'Ordre des Minimes.

NOs Fr. Franciscus de Mayda, Dei, & S. Sedis Apostolicę gratiâ Episcopus Lauellensis, & totius Ordinis Minimorum Corrector generalis. Dilecto nobis filio R. P. F. Francisco Victon, nostri instituti Sacerdoti, Theologo & Concionatori habili. S.

QVuoniā iuxta tibi factam licentiam nōnulla opuscula edidisti in lucé, quæ multis fuerunt vtilitati & saluti : ideo tibi prædicto R. P. F. Francisco Victon, maiora in lucem dare cupienti, quæuis tua opera prælo subijciendi, typisq; mandandi, de nouo potestatem facimus, modò à duobus sacræ Theologiæ Doctoribus, prius approbétur & subscribātur. Datum in nostro Cōuentu Sanctissimæ Trinitatis almæ Vrbis, Kal. Nouemb. Anni Domini 1621.

F. *Franciscus Episc. & Generalis.*

Approbation des Docteurs.

NOus soubs-signez Docteurs en Theologie de la faculté de Paris, auons veu & leu, *La Vie admirable du Glorieux & Thaumaturge Pere S. François de Paule, instituteur de l'Ordre des Minimes, composée par le R. P. François Villon, Religieux du mesme Ordre: auec vne briefue Chronique*; où nous n'auons rien trouué de contraire à la foy Orthodoxe, & bonnes mœurs, ains plusieurs choses vtiles & profitables à l'Eglise. Fait à Paris ce 27. Ianuier 1623.

F. M. BRACHET, Docteur Regent.

F. BALTAZAR L'ANGLOIS.

S. FRANCISCVS DE PAVLA, Sacri ordinis Minimorum
IESV MARIÆ Fundator, cui oranti Angelus e Cœlo defert Charitatis insignia, in ordinis sui scutum. Picquet faciebat.

VIE
ADMIRABLE
DV GLORIEVX
PERE ET THAVMATVRGE
S. FRANÇOIS DE PAVLE,
Instituteur de l'Ordre des
Minimes dit de IESVS-
MARIA.

Extraction, naissance, & enfance
de S. François de Paule.

CHAPITRE I.

L'INCOMPARABLE Thaumaturge & glorieux artisan de miracles S. François, l'honneur de la Calabre, LE SAINCT PAVOIS DE LA FRANCE, Anagrâme.

S. Fran-
çois de
Paule le
sainct
Pauois
de la
France.

l'Antidote de l'heresie, l'arc-boutant de l'Eglise, le parangon d'austerité, la gloire & merueille du 14. siecle, l'aimé de Dieu, le chery des hommes, & l'Instituteur de l'Ordre des Minimes, nasquit en la bourgade de Paule, au Royaume de Naples, Duché de la basse Calabre, en l'an de grace 1416. sous le Pontificat de Iean XXIII. & le regne de Charles VI. en France. Ses pere & mere estoient d'vne tressaincte & austere vie: car ainsi qu'il est porté au procez de sa Canonization, ils n'v-serent de linge sur leur chair, & garderent les rigueurs de l'abstinence de Caresme, presque toute leur vie, & mesme deuant qu'ils eussent eu S. François de Paule: en consequence dequoy, & tout plein d'autres rares & heroïques vertus, plu-

Austeri-
té des
parens
de sainct
Fraçois.

sieurs tesmoings dignes de foy,
deposent audit procez de Canonization , que l'on les tient
pour Saincts. Ainsi nostre Seigneur alloit-il releuant la bassesse de leur condition, & enrichissant leur pauureté, qui auoit
presque eclypsé toute la lueur
& clarté de leur noble extraction. Son pere se nommoit Nom du
Iacques Bartolile d'Alexio : car pere S.
encor que communement il soit Fran-
appellé Martotile, ç'a esté par çois,
corruption de langage, & erreur
commun du vulgaire, qui le
surnommoit plustost Bartolile,
que non pas d'Alexio, pour faire
distinction d'autre Alexio d'vne
ne autre famille, qui se trouuoit
pour lors à Paule, dont encores
aujourd'huy se voyent des des-
cendans. Sa saincte mere se Et de sa
nommoit Vienne, & son sur- mere.
nom est ignoré, si ce n'est que

l'on die qu'elle euſt le nom de
Fuſcaldo propre de ſa famille,
laquelle on tient auoir autrefois
eu en poſſeſſion la bourgade de
Paule , & le Chaſteau adjacent
de Fuſcaldo , d'où elle eſtoit
natifue. Ce ſainct accouplage de
ces deux bonnes ames, fuſt fauorablement aſſiſté du Dieu du
Ciel : vne ſeule choſe manquoit
à l'aſſortiment & accompliſſe-
ment de toutes les graces , que
l'on peut ſouhaiter en vn bon
mariage , entre gens qui crai-
gnent noſtre Seigneur , & che-
riſſent ſa loy : c'eſtoit qu'ils ne
pouuoient auoir lignée , ayans
eſté fort long-temps en leur
meſnage ſans auoir eu aucuns
enfans. Mais la ſage prouidence du Tourpuiſſant ſçauoit bien
meſnager dans ce deffaut de la
nature, les aduantages de ſa grace, & faire recognoiſtre que cet

enfant feroit vn enfant de prieres & de miracles ; auffi eftoit-il
bien raifonnable, que celuy-là
qui deuoit eftre miraculeux en
fa naiffance, en fa vie, & fa mort,
le fut auffi en fa conception ; &
que celuy-là nafquit par le benefice d'vn vœu, qui deuoit ac-
carrer le cercle & triangle de la
perfection des trois vœux de
Religion, de l'angle nouueau
d'vn quatriefme vœu, dont la
prattique auoit efté iufques à
fon tëmps inufitée. Car Dieu
ayant donné l'infpiration aux
fainéts parens de recourir en
leur deftreffe, aux merites du
Pere S. François d'Affife, par
vn vœu public, ils ne manque-
rent de l'effectuer, s'eftans au
prealable difpofez de leur co-
fté, aux influences de fes graces ; fpecifians, qu'au cas qu'il
pleuft au Ciel, de benir leur

Qua-
drature
du cer-
cle &
triangle
de la
perfe-
ction
Reli-
gieufe.

A iij

couche de quelque lignée, par
l'entremiſe de ce S. Patriarche,
ils feroiét porter ſon nom à leur
aiſné, pour recognoiſſance d'v-
ne tant ſignalée faueur. Leur
patience & perſeueráce en œuures de pieté & mortification
Euangelique ſecondées des merites du ſuſdit ſainct François,
tirerent d'en haut ce que ça bas
la terre deſnioit, & de la grace
ce que la nature toute ſeule ne
pouuoit. Quelques mois apres
le vœu fait, la vertueuſe & pudi-
que Dame conceut, & au iour
de ceſte conception des lumineux brandons, qui parurent
toute la iournée ſur le toict de
la maiſon, porterent en admiration tous les lieux circonuoi-
ſins, qui ne peurent deſcouurir
la cauſe ſecrette de ceſte merueille, qu'au iour de la naiſſance
du petit enfant, qui fut neuf ou

dix mois apres. Car en tel iour
de plus esclattantes lumieres, &
feux ardens , s'apperceuoient
auec estonnement des bourga-
des voisines, qui toutes iugerent que cest enfant seroit le
Phare de son siecle, pour ad- Autres
en sa
naissan-
ce.
dresser maintes ames au havre
de salut, dans la mer perilleuse
de ce monde, en ce temps où
elle estoit furieusement & de-
plorablement tourmentée de
toutes parts. La ioye publique
se demenoit par toute la bourgade de Paule, sur l'esperance
qu'elle conceut deslors de sa
grandeur, & gloire future, que
l'on voyoit presagie en vne si
miraculeuse naissance d'vn de
ses enfans.

Aussi tost qu'il fust né, l'on Baptes-
me de S.
Fran-
çois.
eust soing de le faire renaistre
aux fonts baptismaux , & peu
apres qu'il eust veu la lumiere

A iiij

du monde, on luy fit defiller les yeux de son ame, pour luy donner ioüiffance de la defirable clarté de la grace, le portant promptement baptizer. Il prit le nom de François de fes Parrains, tant en recognoiffance du vœu faict à S. François, que pour luy donner vn accomply patron de la perfection Euangelique, fur lequel les bonnes gens defiroient qu'il moulaft & formaft fa vie.

A peine le petit enfant fuft baptizé, qu'vn accident vint à rabbatre la ioye de la bonne mere, par vne iufte apprehenfion que l'on euft que l'enfant ne perdit vn œil, fur lequel vne tumeur groffit & enfla fi fort, que les Medecins en defefperoient de la guarifon. Elle & fon mary eurent derechef recours aux mifericordes de Dieu, par

Sõ nom.

Accidẽt arriué fur l'œil de fainct François

Qui eft caufe d'vn fecõd vœu.

l'entremife de leur premier Aduocat S. François d'Affife, promettans vnanimement à noftre Seigneur, que s'il plaifoit à fa bonté de fauuer l'œil du petit enfant, il porteroit à l'aage de difcretion, l'habit de l'Ordre des Freres Mineurs, & leur feruiroit en quelqu'vn de leurs Conuents. O furcroift de merueilles, le vœu n'euft pas efté fi toft faict, que l'enfleure fuft diffipée & s'efuanoüit, n'offen-çant en rien l'organe de la veuë, mais feulemēt y fuft laiffée quelque petite marque fans difformité quelconque : Dieu le voulant ainfi pour memoire d'vne fi miraculeufe guarifon.

On lit, que les bons parens firent vœu de chafteté & continence par enfemble & recipro-quement : mais comme le temps n'eft pas determiné dans les

A v

procez & actes de la Canonization, il ne faut entendre qu'il
ait esté fait incontinent ou im-
mediatemét apres; dautát qu'il
est constant par les lettres mesmes de S. François de Paule,
qu'il a eu vne sœur, laquelle se
nomme Brigitte, d'où sont sor-
ties plusieurs honorables familles, qui tiennent par tradition
confirmée de tiltres & lettres
authentiques, (qu'ils gardent
cherement) que Brigitte femme d'Antoine d'Alexio, estoit
propre sœur de S.François, d'où
seroit descendu André d'Alexio, qui fust appellé en France
par le Roy Louys XI. & vint
auec S.François. Les monumés
de l'antiquité, qui combattent
pour ceste tradition, sont les
patentes des Roys de France,
les lettres de S. François mesme, des contracts anciens, de

lettres d'vn Cardinal Protecteur , & Chapitre general de
l'Ordre des Minimes , sans employer les anciens & honorables
Epitaphes, posez dãs leurs Conuents à la veuë des Religieux;
Si qu'apres tant de preuues &
tesmoignages pressans, l'on ne
peut pas auec raison reuo-
quer en doute vne verité si bien
appuyée. Ce à quoy n'ont
pas pris garde, ceux qui ont aduancé , que ce vœu a este fait
immediatement apres que S.
François fust né , pensans ac-
croistre de beaucoup l'honneur
de Dieu, & la gloire du Sainct,
par vne consideration si peu im-
portãte: là où mesme, quand elle
eust grandement seruy a esclair-
cir la loüange du Sainct, il falloit se donner de garde d'entreprendre sur vne creance si indubitable. Il faut donc dire &

tenir pour asseuré que les bons parens se contentans de deux enfans, le Pere d'vn fils, & la bône mere d'vne fille, que nostre Seigneur leur auoit donné, ils firent vœu de continence perpetuelle le reste de leurs iours. Ils garderent tref-religieusemét ceste promesse, que la reconnoissance des faueurs du Ciel leur auoit fait conceuoir en desir, & esclorre en pratique iusques au dernier souspir de leur vie. Vienne mere de sainct François, & digne compagne de Iacques, alla la premiere à nostre Seigneur recueillir les fruicts de ses austeritez, gardiennes de sa pureté de corps & d'esprit. Et tost apres sa mort le chaste espoux se vint ranger au seruice de son fils, & s'engager par les vœux solemnels à son obeïssance, prenant l'habit de son Ordre, au-

Apres la mort de la mere de sainct Frãçois, son pere print l'habit de ses mains.

quel il merita de rendre l'esprit
entre les bras de sainct François,
sur le soir à l'heure mesme que
l'on sonnoit l'*Aue Maria*, estant
chargé d'ans & de merites, &
plein de ioye spirituelle, de ce
qu'il laissoit apres soy vne si viue
& esclairante lumiere en l'Eglise de Dieu. Ce fust en ceste sorte, qu'il fust recõpensé de la peine qu'il prit auec sa saincte compagne Vienne, à esleuer sainct
François en la crainte de Dieu,
& le former aux exercices de la
saincte mortification, le duisant
aux disciplines, humiliations, &
fatigues, pour l'amour de nostre
Seigneur. Vn des Disciples du
Pere S. François, a laissé par escrit, que ses bons pere & mere
l'accoustumerent dés son enfance à la vie quadragesimale,
& à toute addresse de pieté &
deuotion. Ils l'enuoyerent à

l'Escole , apprendre à lire & escrire, ce qu'il apprist fort promptement , pour la viuacité &
bonté de son esprit, qui conuioit
tout le monde à le cherir & esti-
mer. Il ne fust enuoyé aux estu-
des des arts liberaax , aux Vni-
uersitez , tant pour la pauureté
de la maison, que pour l'estat ca-
lamiteux de l'Eglise , qui estoit
affligée de schismes , & em-
broüillée de deplorables diui-
sions des Antipapes, qui tiroient
à leur suitte les Potentats de la
Chrestienté. Il sembloit , que
l'Enfer auoit coniuré l'irremediable bouleuersement de la
Nef de S. Pierre, n'eust esté que
cest astre d'heureuse influence,
sainct François opposoit son innocence & comble de merites,
à vne si generale misere , & ca-
lamité. Ainsi Dieu se seruoit des
manquemens de moyens ordi-

naires de polir l'esprit de son
bon seruiteur, voulant plus eui-
demment faire esclatter sa toute-puissance, en luy fournissant
miraculeusement, en temps &
lieu, la science infuse des disciplines liberales, pour s'en seruir
aux occurrences, ainsi que l'on
lit au progrez de sa vie.

    Il n'y auoit rien d'enfantin en
son enfance, tout y estoit graue
& serieux : car la grace auoit aduancé la nature, il ne se plaisoit
point aux jeux des enfans ses
compagnons, dont il se retiroit,
pour auoir plus de loisir & de
temps, à lire & prier Dieu. Entre ses exercices de deuotion,
qu'il prattiquoit, tenoient les
premiers rangs l'Office des
morts, & le Chappelet de la
Vierge. Il le recitoit auec vne
incroyable deuotion, guidée
non tant d'vne humeur & bou-

Dieu le voulant pour luy donner la scien-ce in-fuse.

Deuo-tions de l'enfan-ce de S. Fráçois.

tade d'enfant, que de iugement & prouidence. Car quand il difoit fon Chappellet, il n'eftoit iamais autrement qu'à genoux, & la tefte defcouuerte. Sa bonne mere Vienne l'ayant vne fois remarqué auoir efté fort long-temps en femblable deuotion, luy dit, François que ne vous couurez vous, quand vous priez Dieu fi long-temps, vous vous morfonderez; le petit enfant repliqua gayement, ma mere fi ie parlois à la Reyne, que voudriez vous que ie fiffe? Ie m'affeure que vous me commanderiez de tenir mon bonnet bas. Il n'eft pas feant que l'on ferue l'Emperiere du Ciel & de la Terre la bonne Vierge, qu'à genoux & la tefte defcouuerte. La mere fuft merueilleufement fatisfaicte & ioyeufe de cefte fage refponce, prenant

bon augure & presage de la particuliere deuotiõ de son fils, enuers la Vierge Marie. Sçachant
que c'est l'vne des marques de
predestination, que d'estre deuot à la Mere de Dieu, & que celuy-là iamais ne fera naufrage,
qui aura la conduite de ceste
estoile polaire. L'ame touchée
de l'aimant de la predestination, n'a point d'arrest, de repos, & soulas qu'à saluer Marie,
qu'à prier Marie, qu'à loüanger
Marie : c'estoit bien là la principale de ses deuotions, mais il
auoit encor en singuliere recommendation, les suffrages de
son Ange gardien, de l'Archange S. Michel, de S. Iean
Baptiste, & de sainct François
son Patron.

*Ieuneſſe de S. François de Paule,
juſques à ſa retraicte en
l'Hermitage.*

CHAPITRE II.

TElles eſtoient les vertueu-
ſes inclinations de ce diuin
enfant à la pieté, qui ſeule eſt
digne de s'emparer la premiere,
de l'eſprit de la creature humaine, née & deſtinée à ceſte fin
dans le ſejour de ceſte vie, iuſques à ce qu'elle ſe ſoit fait ouuerture & entrée dans l'Eternité. A ces bluettes de l'amour
diuin, qui ialliſſoient ſi eſtin-
cellantes de cet aage enfantin
l'on preiugeoit preſque aſſeu-
rement, les braſiers enflambez
dont ſon ame deuoit eſtre allu-
mée, ſi toſt qu'il ſeroit arriué à

vn aage plus meur. Que si mes-
nageant les graces d'enhaut, il
recherchoit soigneusemēt, quelle estoit la voye plus asseurée de
la perfection Chrestienne, il merita pareillement d'estre recherché de Dieu mesme; & s'il estoit
alteré de l'amour de son Crea-
teur, il semble que nostre Seigneur le desiroit encor plus à
son seruice: car ne plus ne moins
qu'il arriua au petit Samuel, il
eust vne nuict vne visiō estrange & surnaturelle, il reposoit en
son lict, quand vn Religieux luy
apparut, portant l'habit de l'Ordre S. François d'Assise (l'on
croit que ce fut S. François mesme,) lequel l'ayant doucement
éueillé, luy dit, leuez vous François, allez trouuer vostre pere
& vostre mere, & leur declarez
de la part de Dieu, qu'ils ayent
à s'acquitter sans delay du vœu

qu'ils ont fait pour vous : le petit enfant ne se troubla aucunement, ains fort ioyeux de ce que nostre Seigneur le retiroit misericordieusement de la dangereuse hantise du siecle corrompu, porta les nouuelles de ceste vision, laquelle il raconta à ses parens d'vn esprit si particulier, qu'ils n'en douterent iamais : mais craignans plustost, que s'ils differoient dauantage, il ne leur arriua quelque malheur, s'acheminerent promptement en la Cité de S. Marc, où ils presenterent aux Peres du Conuent de S. François, leur fils qui estoit bien le gage plus pretieux de leur maison ; le laissans entre les mains du Superieur, pour luy donner l'habit de l'Ordre, auec lequel il accomplit le vœu qu'ils auoient fait. Il demeura en ce Conuent

Vœux ne sont à differer.

vn an entier, non pas comme
Nouice , & receu à l'habit à
deſſein d'y faire profeſſion, mais
ſeulement par deuotion , ainſi
que la prattique eſt en pluſieurs
endroits, où les perſonnes de-
uotes (pour n'eſtre mecognoiſ-
ſantes des graces qu'elles peuuent auoir receu de Dieu, par
les merites des ſaincts Patriarches des Religions) portent ou
font porter à leurs enfans, l'habit & couleur de leur Ordre.
Ainſi paſſa il, l'année entiere,
durant laquelle il fit de grands
progrez en la ſolide vertu, remarquant toutes les excellentes vertus qui ſe voyoient parta-
gées entre ces bons Peres , pour
en tirer l'aſſemblage de toutes
en luy ſeul. Là il eſtoit employé
au ſeruice de l'Egliſe, & de la
Sacriſtie, à ſeruir aux Meſſes,
parer les autels, plier les aubes,

S. Fran-
çois
prend
l'habit
des Fre-
res Mi-
neurs en
conſe-
quence
du vœu
de ſes
parens,
& non
pas en
intentiõ
d'y faire
ſon No-
uiciat.

Exerci-
ces du
petit S.
Fráçois,
eſtant
en l'ha-
bit des
Mineurs

& ferrer les ornemens d'Eglife. Or il s'employoit & s'appliquoit à ces faincts exercices, auec vne telle deuotion & attention qu'il feruoit de reproches à quelques Religieux diftraicts , & le prenoit-on pour modele & patron de toute modeftie, il eftoit d'vne fi agreable & douce façon, fi actif & prompt à rendre de bôs offices à tous ceux qui le vouloient employer, que ce feroit chofe difficile de dire, fi l'on admiroit plus les graces extraordinaires du Ciel, qui eftoient en luy , où fi l'on cheriffoit plus les loüables parties de cet enfant, qui eftoit tant bien né & afforty de perfections naturelles, dont l'on iugeoit bien que noftre Seigneur s'en vouloit feruir, à quelque glorieufe & remarquable entreprife. L'on dit qu'eftant dans ce Conuent, il paffa l'année

auec les rigueurs de la vie quadragesimale, & ne voulut iamais
suiure le genre de vie de l'Ordre de S. François d'Assise, quoy
que loüable, suppliant les Superieurs du Cōuent où il estoit,
de trouuer bon qu'il continuast
l'austerité qu'il auoit pleu à
Dieu luy inspirer, & considerer
que cela ne faisoit point tort à
l'vniformité de leur cōmunauté,
puisqu'il n'estoit entr'eux pour
entrer en ce mesme Ordre, ains
seulemēt pour satisfaire au vœu
de ses parēs. Il est croyable qu'il
auoit apris ce gēre de vie austere
de ses pere & mere, qui auoient
gardé mesmes deuant sa naissance la vie quadragesimale, &
peut-estre y auoient esleué &
accoustumé leur enfant. Nostre
Seigneur manifesta mesme dés
lors la gloire de S. François, faisant quelques miracles par son

(note marginale : Il garde la vie quadragesimale.)

moyen, & quand il n'y en euſt
eu d'autre que la merueille de
ſa ſage, pieuſe, & extraordinaire
conduite au ſentier des vertus
Chreſtiennes & Religieuſes,
c'eſtoit vne preuue bien ſuffi-
ſante, de l'aduantage qu'il auoit
ſur le commun des Religieux,
& de l'affection que le Ciel luy
teſmoignoit. Il auoit des extaſes
frequentes en ſes deuotions, &
ce qui ſurpaſſoit toute admiration, eſtoit l'aſſiduité & con-
ſtance de ſon eſprit en l'exercice
de la ſainče Oraiſon, en laquelle il paſſoit ordinairement les
nuičts, & la iournée, il auoit de
ſi puiſſantes attractions & tranſ-
ports de la douceur de l'Oraiſon, que les occupations ma-
nuelles plus fortes, ne le pouuoient pas diuertir. Vn iour le
Pere Gardien luy commanda
de ſeruir à la cuiſine, & aſſiſter
le

le frere qui en auoit la charge,
selon ses petites forces ; ce qu'il
fit de tres bon cœur , se sentant
trop honoré de ce qu'on l'employoit au seruice des seruiteurs
de Dieu: le frere donc soubs lequel il estoit estant appellé par
le P. Gardien du Conuét à quelqu'autre besogne, qu'autre que
luy ne pouuoit faire, mit en grãd
haste dedans le pot ce qu'il falloit pour la refection des Religieux , donnant seulement la
charge au petit François d'allumer du feu dessoubs: luy tres-ai-
se de ce commandement se met
en deuoir de l'executer , commençant par la priere , en laquelle il s'enfonça si auãt, qu'en
mesme temps deuant que d'en-
treprédre cet exercice manuel,
& occupation laborieuse, voila
que l'esprit de nostre Seigneur
tombe sur luy si fortement, qu'il

s'oublie foy-mefme, & tout le
mefnage ; & porté hors de foy
fur les aifles de la fain&te contemplation, demeure là fans
mouuement quelconque, iufques à ce que l'heure de la refe-
&tion venuë, & la benedi&tion
faicte fur la table, les Religieux
attendoient toufiours que l'on
leur fournift & enuoyaft l'ordinaire, par la feneftre du Tour:
mais apres auoir attendu quelque temps, l'on fe douta que
quelque chofe auroit peu fur-
uenir à leur Defpenfier, & le
doute fuft trouué veritable : car
les Religieux enuoyez de la part
du Superieur, le trouuerent en
vne deuote pofture, fans mouuement nefentiment quelconque, iufques à ce que crians à
haute voix, ils l'eurent reueillé,
& remis dans foy mefme, luy
faifans refouuenir du difner, &
de l'inconuenient qui eftoit ar-

riué par sa deuotion, qu'ils di-
soient importune: Le sainct enfant ne s'en estonna dauantage, mais promptement s'en alla
vers le feu, où il apperceust, &
les Religieux aussi, que la viande
estoit toute cruë, & froide, n'y
ayant pas eu de feu pour l'es-
chauffer. Lors nostre Seigneur,
(qui fait plustost miracles que
non pas il arriue des mes-ad-
uentures, pour la deuotion bien
reglée de ses bons seruiteurs)
comme il auoit miraculeusement tiré S. François hors de
soy mesme en la côtemplation,
aussi voulut-il miraculeusemét
obuier au desordre qui en pourroit estre arriué: car le S. enfant,
si tost qu'il eust fait le signe de
la croix sur le pot, fit cuire en vn
instant toute la viande, laquelle
fut seruie au Refectoir, & fut
trouuée tres-bonne. Le bruit

B ij

Premier
miracle
de sainct
Frãçois
en son
enfan-
ce.

de semblables assistances miraculeuses de Dieu sur le S. enfant, s'espandit tellement par la
ville & lieux circonuoisins, que
l'on le venoit voir côme vn prodige d'innocéce & saincteté, n'y
eust pas mesmes iusques à l'E-
uesque du lieu, qui le voulut
voir par respect qu'il portoit à
ses naissantes, mais heroïques
vertus. Le téps porté par le vœu
estait accomply en ce seruice
auec l'habit, ses bons pere &
mere, le reuindrēt querir & demander au Superieur du Conuent, qui le leur rendit, apres
luy auoir leué l'habit, auec les
ceremonies, & actions de graces dont l'on se sert, quand celuy qui a voüé de porter par deuotion l'habit de quelque Ordre, le rend solemnellemét ainsi
comme il la receu. Il n'y eust
pas vn des Perés du Conuent,

qui ne regrettaſt la ſortie de ce
ſainct enfant, qu'ils ſe promettoient d'auoir chez eux, pour
eſtre vne brillante eſtoille dans
le firmament de leur floriſſante
& triomphante pauureté. Mais
noſtre Seigneur le reſeruoit à
vne plus grande gloire, s'en voulant ſeruir pour l'eſtabliſſement
d'vn nouuel Ordre, & pour cō-
battre par les rigueurs de ſes abſtinences, l'impudicité & in-
temperance des Hereſiarques,
qui toſt apres deuoient deſoler
la maiſon de Dieu, & comme
ſangliers farouches renuerſer la
vigne du Seigneur. Au ſortir de
la ville de S. Marc, le ſainct garçon auec ſes pere & mere, tirerent vers Aſſiſe, d'autant que
telle eſtoit la deuotion du petit
François, d'aller par recognoiſſance viſiter l'Egliſe du B. S.
François ſon patron, & celle de

Peleri-
nage à
S. Fran-
çois
d'Aſſiſe.

saincte Marie des Anges. Et
certes il estoit bien raisonnable
que les bons parens fissent volontiers vne partie des volontez
de leur fils, puis qu'il auoit accomply si gayement & vertueu-
sement toutes les leurs. A ceste
deuotion ils en ioignirent vn autre, non moins recommandable,
qui fut d'aller saluer les Saincts
Apostres, & par mesme moyen
visiter tous les lieux saincts à
Rome, où se fit vn rencontre
d'vn Cardinal, qui marchoit
auec grand train & suitte de
gens bien richement couuerts,
ce qui occasionna le sainct enfant (qui pouuoit auoir lors enuiron treize ans) de dire assez
haut à ses parens; les Apostres
de nostre Seigneur ne mar-
choient pas auec tant de bom-
bance & magnificence : Or il
tint ces propos auec tãt de grace

& refolution, que le Cardinal ne defdaigna, ny la baffeffe de fon aage, ny de fes parens : mais il s'arrefta & tout fon train, pour fatisfaire au petit garçon, qu'il iugeoit bien auoir quelques graces extraordinaires, & hors le cours de la nature, de la part du Ciel, qui luy donnerent l'affeurance de reprendre fi hardimét, non tant la pompe de cefte fuitte honorable (qui eft neceffaire pour maintenir la hauteffe de la dignité Ecclefiaftique) que l'affection & complaifance defreglée qu'on y peut auoir. Auffi fort fagement refpondit le Cardinàl. Mon fils, il eft vray que les Apoftres n'ont pas cheminé auec cefte grandeur, mais le mal-heur du fiecle, femble auiourd'huy nous obliger à cela : car fans cefte montre & apparat de grandeur, l'Eftat Apo-

Reproche de l'enfant. S. François fur le grand train d'vn Cardinal, & fon excufe.

stolique, & tout l'Ordre Ecclesiastique seroit en mespris aux
Souuerains de la terre.

*Retraicte de S. François de Paule
dans le desert, & le commencement de son Ordre.*

CHAP. III.

SI tost qu'il fut de retour de
ce voyage & pelerinage, il
proietta de se retirer dans la solitude, & pour garder plus in-
uiolablemét l'innocence de ses
ieunes ans, qu'il vouloit totalement voüer à l'amoureux seruice de son Dieu : & comme les
mouuemens du sainct Esprit
sont promptement efficaces, il
se transporta dans peu de temps
apres son retour, dans vne petite
vigne, qui appartenoit à ses pere
& mere, ne leur demandant

pour toute succession que l'af-
siette d'vn petit & estroit domi-
cile, qu'il se fit auec le temps.
Cela surpassoit toute admira-
tion, de voir vne si genereuse re-
solution si fort ancrée & affer-
mie dans ce bas aage, que ny
l'horreur & l'effroy d'vn lieu so-
litaire, escarté d'vne demie
lieuë de Paule : ny les regrets de
ses parens, ny les violences fu-
rieuses de Satan, le peurent ia-
mais arrester ou interrompre,
dans son entreprise qu'il mena
à perfection, s'aduançant en
toutes sortes de vertus, n'ayant
autre Maistre de son Nouitiat,
que le sainct Esprit, lequel par-
lant de l'ame particulierement
cherie & aymée de sa diuine
bonté, va disant par le Prophe-
te, *Ie la guideray dans la solitude,*
& ie parleray à son cœur. Grand
priuilege, ô glorieux Patriarche,

S. Frã-
çois se
retire
en l'her-
mitage.

Il est
Theo-
didacte.

que Dieu agrée tellement vos
innocentes meurs, qu'il veuille
luy-mesme estre voftre Precepteur, difpenfant fur fa conduite
ordinaire, par laquelle il affuiet-
tit les hômes aux hômes, & les
Anges inferieurs aux Anges fu-
perieurs, pour ce qui concerne
l'inftructiõ, & cognoiffance des
voyes de l'eternité. Le fainct enfant demeura dans cefte folitu-
de, fans autre compagnie que de
celle des faincts Anges, fans autre affiftance que de celle de
Dieu, & de fes Saincts, depuis
l'aage de 14. ans qu'il entra dans
cefte affreufe retraicte, iufques
au 19. auquel temps regorgeant
des graces du Ciel, il fut contraint d'en faire part à fes pro-
chains, les receuant en la communauté de fon petit hermitage. Les aufteritez dont il matta
fa chair, & aduantagea fon ame

au fait de sa presque continuelle
contemplation , sont incroya-
bles , en leur qualité & en leur
quantité ; il ne viuoit que de racines, & la terre nuë, ou dure roche , estoit le duuet & le coton
de sa couche ; les disciplines
cruelles deschiroient son corps,
qui a force de ieusner , n'auoit
que la peau & les os. Le cilice
plus aspre estoit sa chemise plus
douce, là il esprouua ce que
c'estoit des autres instrumés de
la saincte mortification. Que s'il
estoit soigneux d'assujettir son
corps à la loy de l'esprit, pensez
vous quelle diligence il appor-
toit à regler son interieur, &
amortir ses passions , de crainte
qu'elles n'estouffassent le feu de
l'amour de son Dieu, & ternis-
sent tant soit peu la glace de son
ame qui estoit tousiours dispo-
sée à receuoir les viues emprein-

B vj

tes des grandeurs de son Seigneur en l'exercice de la parfai-
cte contemplation, sans les douceurs & prerogatiues de laquelle il n'eust pas peu surmonter
les difficultez qui iournalierement s'opposoient à sa perseue-
râce en ceste diuine resolution.
Or d'autant plus que son humilité receloit les incomparables
faueurs du Ciel, d'autant plus
aussi nostre Seigneur le manife-
stoit au môde, & faisoit croistre
en l'estime & creance des hommes par des miracles, si qu'à la
fin son desert fut changé en
vne Cour, où l'on alloit de toutes parts mandier le secours du
sainct Hermite, pour les necessitez corporelles. Il faisoit des
operations si merueilleuses au
dessus de la nature, que le bruit
en courut par toute l'Italie, d'où
l'on accouroit pour contenter

sa saincte curiosité: Et ne plus
ne moins que Dieu communiqua à sainct François sa toute-puissance pour la miraculeuse guarisõ de plusieurs corps
malades:aussi le doüa-il d'vn esprit principal pour l'institution
d'vn nouuel Ordre, à quoy il
fut forcé, tant par l'asseurance
qu'il auoit que la volonté de
Dieu estoit telle, que par l'importunité de plusieurs qui luy
demanderent l'honneur de sa
compagnie, & la faueur de ses
sainctes & diuines instructions.
Ce fut dõc au dix-neufiesme an
de son aage, qui estoit le 1435. L'Ordre
de nostre Seigneur, que le Pere des Mi-
                                       nimes
sainct François changea sa so- cõmen-
litude en communauté, & son ce en
Hermitage en Cloistre de Re- l'an 1435
ligieux, qu'il receut soubs l'ad-
ueu & permission de l'ordinaire du lieu, qui asseuré de ses

rares vertus, & merites extraordinaires, luy en dōna plein pouuoir. Suiuant ce dessein qu'il
eust de viure en Communauté,
& s'adopter plusieurs enfans
imitateurs de ses vertus, & spe-
ctateurs de ses merueilles, il luy
fallut leuer vn bastiment conuenable & proportionné. Or
comme il trauailloit à faire les
fondemens d'vne petite Eglise
qu'il auoit proiettée, suiuant la
petitesse & pauureté de ses
moyens, vn Religieux luy apparut en habit de l'Ordre des
freres Mineurs, & tient-on que
c'estoit le glorieux S. François,
qui luy fit des reproches de ce
qu'il traçoit vn dessein trop petit. Surquoy ayant allegué pour
excuses son peu de moyens &
materiaux pour fournir à vne
plus haute entreprise : le Sainct
l'admonesta de reposer son es-

perance sur la Toute-puissante
prouidéce de Dieu, qui ne manque iamais aux sainctes & loüables entreprisesde ses seruiteurs,
& luy commanda qu'il rompit
ce premier projet pour entreprendre & commencer vn plus
haut & ample edifice , qu'aussi
bien ce bastiment n'estoit pas
esleué pour les hommes, mais
pour Dieu, qui y deuoit estre
seruy aux siecles futurs. Le S.
homme obeit aueuglement à
ceste volonté du Ciel, qui luy
fut declarée par ceste miraculeuse apparition, & trauailla fort
& ferme au second dessein,
d'vn plus ample & magnifique
bastiment, y employant par l'espace de trois iours, le peu de ma-
teriauxque sa pauureté luy auoit
amassé, esperant que Dieu qui
estoit veritable, & fidelle en ses
promesses, luy seroit secourable

lors qu'il máqueroit de moyens,
pour continuer & pourſuiure
ce projet, qui ſurpaſſoit ſa portée : ſes attentes ne furent vaines, car enuiron le troiſieſme
iour apres ceſte apparition, ſe
preſenta vn Gentil-homme de
la ville de Coſence, lequel luy
aumoſna vne grande ſomme de
deniers, qu'il receut non tant
venant des hommes, que de noſtre Seigneur dont la prouidence s'eſtoit monſtrée ſecourable
à ſon entrepriſe, par l'entremiſe
de ceſte notable liberalité d'vn
honneſte Seigneur; mais ce n'e-
ſtoit là qu'vn eſchantillon des
miraculeuſes & fauorables aſſi-
ſtances de noſtre Seigneur, pour
ſeconder les ouurages de ſainct
François de Paule, il ſembloit
que l'arriere-ban eut eſté ſonné
par toute la contrée, pour appeller non ſeulement les crea-

tures raisonnables, & animées,
mais mesmement celles qui
estoient despourueuës de tout
sentiment, pour contribuer en
leur façon, à la fabrique de ce
premier Conuent de l'Ordre
des Minimes, & quelques autres qui furent bastis par luy
mesme en Italie. Les villages
entiers du païs circonuoisin, venoient par bãdes trauailler auec
S. François de Paule, se sentans
grandement honorez, d'auoir
rendu quelque seruice à l'innocence de celuy, à qui toutes les
creatures sembloient faire hom-
mage, des personnes mesmes
de marque & bien qualifiées,
s'estimoient heureuses d'auoir
contribué, ou par leurs propres
enfans qu'ils enuoyoient ou par
leur propre personne à l'aduancement de ces bastimens: iamais
le Pere S. François en ses pre-

mieres fondations, n'eust de Prince ou puissant Seigneur pour fondateur, voulant deuoir à la simple populace, toute la gloire de ses bastimens, qui estoient assez magnifiques : aussi nostre Seigneur le vouloit-il ainsi, à ce que le païs qui estoit tout perdu de vices, fut redressé par les salutaires conseils & instructions, que son seruiteur S. François leur laissoit, deuant que licencier ceux qui estoient venus pour trauailler de leurs ouurages, car c'estoit sa coustume de les entretenir sur le soir de

discours diuinement affectueux & embrazans, soit de la gloire de Paradis, soit de la peine des enfers, tantost de la beauté de la vertu, tantost de l'horreur & infamie du vice, & mil autres beaux & practiques sujets, dõt il discouroit d'vne eloquẽce infu-

se:si qu'entre les rapportsqu'ont
fait les tefmoings appellez aux
informatiõs du procez verbal de
fa Canonizatiõ,il eft fouuentefois dit qu'il auoit ramené tout
le peuple à bien faire & bien
viure, tant par fes rares exemples d'vne incomparable faincteté, que par fes propos edifi-
catifs , qu'il tenoit toufiours,
foit en particulier, foit en public. Deux chofes donnoient vn
grand poids & auctorité à fes
paroles, les miracles qu'il faifoit
continuement , & l'efprit de
Dieu qui mouuoit furnaturelle-
ment fes affections, formoit fes
conceptions, articuloit fa voix,
& defltoit fa langue pour porter fa diuine eloquence dans les
cœurs de fes auditeurs, & bien-
faicteurs.

    L'on remarque qu'vne fois
ayant trainé apres foy enuiron

trois cens personnes dans vne
foreſt pour y couper du bois,
il ſe mit à leur interpreter l'E-
uangile courante, enrichiſſant
ſon ſermon d'expoſitions de
paſſages fort difficiles, qu'il
manioit d'vne diuine & ſurna-
turelle capacité, là ſe rencontra
vn perſonnage de qualité, & de
grandes lettres, nõmé François de la Fleur, qui en eſtoit
aux admirations, & rapporta
ce fõds de doctrine, à vne ſcien-
ce infuſe du Ciel, trop plus certaine & claire que non pas l'ac-
quiſe, au reſte en ces petites re-
monſtrances, il eſtoit patetique,
& ſuiuant l'eſprit prophetique
dont il profondoit le ſecret des
conſciences, il donnoit de ſi
viues & particulieres atteintes
aux ames pechereſſes, que la
couleur ſe voyoit ſur le front,
& ſouuentefois les larmes aux

yeux, qui estoit des tesmoignages de vrayes & fortes resolu-
tions, d'vn changement de vie
futur. Nous en aurons plusieurs
beaux exemples à la suitte de
ceste histoire, où nous rappor-
tons toutes ses actions à l'ordre
des temps & des lieux, & non
pas à certains tiltres, ainsi qu'ont
fait quelques-vns. Tant y a que
Dieu par sa prouidence met-
toit és mains de son seruiteur le
don des miracles, ainsi comme
vne amorce à la ligne, pour engager à ceste occasion plusieurs
ames errantes, dans le rets d'vne
vie innocente, pour confirmer
les fideles de l'Eglise Occiden-
tale en la vraye & solide creance de ses ancestres, & rendre
inexcusables les Schismatiques
de l'Eglise Grecque, & Orientale, qui habitoient les contrées
voisines de la Calabre, & Sicile.

L'on trauerſoit les mers ſur le bruit de ſes merueilles, que le Dieu des vertus fit en la fondation des Conuents d'Italie par ſon entremiſe, & n'eſtoit perſonne content & ſatisfaict, qui n'euſt aidé au ſainct en ſes baſtimens, à celle fin qu'eſtant de retour en ſon païs, il peuſt ſe vanter d'auoir obligé vn ſi ſainct perſonnage, & auoir aduancé ſa fabrique. Pluſieurs apres l'vnion faicte au Concile de Florence, vindrent du fonds de la Grece ſur ce recit des naiſſantes vertus de S. François, auſquels il predit le malheur de la priſe de Conſtantinople ſur eux, par les Turcs ennemis plus enragez du nom Chreſtien, que Dieu permit l'an 1453. en vengeance de leur ſchiſme & hereſies, leſquelles vne partie auoit abiurée au 16. Concile general te-

S. François predit la priſe de Conſtãtinople.

nu à Florence l'an 1439. sous
Eugene 4. où assisterent Ioseph
Patriarche de Constantinople
qui mourut à Florence, & Iean
Palæologue penultieme Em-
pereur Chrestien de l'Orient.
Car c'estoit enuiron ce temps
auquel par vn traict de la souef-
ue disposition du Ciel, S. François fut manifesté en l'operation
des frequents miracles, par nostre Seigneur, lequel s'en vouloit seruir en ce siecle, ainsi
comme il auoit autre fois fait au
temps deplorable des Arriens,
du glorieux Anachorete sainct
Antoine dont la vie inimita-
ble, & saincteté incomparable
retint les Orthodoxes en leur
creance, & donna vn rude
choc à l'Arianisme.

Rapport de S. Antoine & sainct Fraçois.

*Miracles faicts au Conuent
de Paule.*

CHAPITRE IV.

OR ces miracles font en fi grand nombre dans les procez & informations faictes fur les lieux, par perfonnes qualifiées à ce deputées, qu'il eft prefque incroyable, n'eftoit que Iefus-Chrift mefme nous donne affeurance, que celuy qui fe rendra fon digne feruiteur, fera des miracles auffi grands que luy, voire plus grands: C'eft pourquoy eftudiant à la briefueté, ie me contenteray d'en rapporter les plus fignalez, laiffant les autres à ceux qui entreprendront de les reduire tous, (comme ils meritent) en vn corps d'hiftoire.

d'histoire, où les adiouster à celles qui ont ja esté escrites. L'vn
des premiers, plus remarquables & mysterieux miracles, fut
celuy-là qui aduint, lors que
suiuant le dessein (qui auoit esté
marqué par S. François d'Assise, qui luy apparut comme nous
auons dit) il foüissoit les fondations de la seconde Eglise de
Paule, où ainsi que quelques
autres escriuēt, & est plus croyable, il iettoit les fondemens du
grand autel de ladite Eglise, car
ayant sur l'heure du repas con-
gedié ses Religieux, il resta seul
en l'Eglise, pour sauourer à plaisir les delices de la saincte contemplation, au suiet de l'incomparable merueille de nos autels,
sur lesquels la diuine victime est
tous les iours immolée, l'ardeur
de ceste profonde contemplation, luy fit oublier le lieu où il

C

estoit, & l'heure en laquelle il
eut peu croire, que les graces
extraordinaires, qu'il cachoit
tousiours, eussent esté descou-
uertes. Parquoy trois de ses Religieux reuenans du refectoir,
sçauoir le Pere Nicolas Nochel,
Frere Florentin, & Frere Ange
de la Sarrazine, eurent tout loisir de discourir entr'eux sur les
mysteres de ceste admirable vision, qu'ils eurét lors que moins
ils y pensoient. Apperceuant
leur bon Pere esleué de terre,
rayonnant d'esclattante lumiere, ayant sur la teste le diademe
à trois couronnes semblable à
la Thiare Papale, au reste releué & enrichy de mille brillants,
& pierreries si esclairátes que sa
face en resplendissoit brillante
& lumineuse comme celle d'vn
Moyse, sortant du pourparler
auec son Dieu, Nostre Seigneur,

ny le Pere S. François n'ont
point defcouuert le fecret de
cette apparition, laquelle outre
qu'elle eft miraculeufe, fans
doute fignifie auffi quelque
chofe de grand : on pourroit dire qu'elle reprefente les trois
Reigles que depuis ce temps
il a efcrites, ou les trois
Laureoles dont il eft couronné
dans le Ciel, dautant que celle
du Martyre qui fembloit man-
quer à fa gloire, & non pas à fes
fouhaits, la recherché dans le
tombeau, ou trois fortes d'illu-
ftres perfonnages qui deuoient
releuer fon Ordre, Confefleurs,
Vierges, & Martyrs, fi ce n'eft   S. Sacri-
que nous aimions mieux parler   fice de
de l'Eglife en general, rappor-   la Mefle
tant aux merites du S. Sacrifice   fource
qui fe prefente fur les Autels de de tout
la loy Euangelique, toute la   bien.
gloire de l'Eglife Catholique,

C ij

laquelle durera autant que ce
Sacrifice , c'est à dire iufques à
la confommation des fiecles,
mais laiffons au Lecteur plus
entendu , à iuger de cefte faueur extraordinaire , & repre-
fentons comme le Conuent de
Paule , ainfi que les autres que
N. P. S. François baftit & acheua) fe doiuent pluftoft appeller
Conuéts miraculeux, ou de miracles, que nõ pas des Minimes.
Car en leur fondation, fitua-
tion , & baftiment, l'on ny voit
que miracles. Et pour falaire de
ceux qui contribuoient de leur
peine, induftrie, ou moyens, la
diuine Toute-puiffance n'operoit rien plus familierement,
que des miraculeufes guarifons,
refections, & oferay dire recrea-
tions, dautant que l'eternelle
Sageffe, (qui fe vante d'auoir
ioüé anciennement en l'vni-

uers) se laissoit manier à l'innocence de ce grand artisan de
merueilles , qui se seruoit de
sa touté-puissance aux sujets
moins importans, si que ce don
de miracles que Dieu semble
ne communiquer en ces derniers siecles , que pour des causes bien grandes , estoit aussi familier entre les mains de nostre
Pere S. François , comme il
estoit ordinaire aux premiers
creans en l'Eglise naissante.
Ainsi ne s'estonne-on si la roche qui empeschoit le dessein
du Dortoüer , par commandement du Sainct , se retire : vne
autre qui auoit esté minée par
dessous, & qui tomboit s'arreste, luy disant simplement par
charité ma sœur demeurez là :
vn arbre qui empeschoit l'alli-
gnement de l'allée qui condui-
soit au Conuent , fust partagé

en deux, & se retira aux deux costez de l'allée. Vne fontaine qui estoit necessaire à la commodité du Conuent de Paule, sourd miraculeusement de la roche, à l'occasion de ses ouuriers qui estoient merueilleusement alterez, trauaillans aupres d'vn four de chaux, dans lequel nagueres, il estoit entré auec estonnement de tout le monde, car ce fourneau ayant esté si viuement eschauffé, qu'il creuoit de toutes parts, (ce qui estoit vne grande perte à sa paureté) il se lança dans les flammes, sans redouter leur vertu deuorante, & ayant par le signe de la Croix reduit leur fureur à vne mediocre chaleur, necessaire pour la cuisson de la chaux; de ses mains nuës il reioignit les pans du fourneau, qui s'estoient departis & entrouuerts : si qu'il

n'y paroiſſoit preſque plus,
quand il fut ſorty dehors; ſignalée merueille dont la memoire
eſt conſeruée à la poſterité par
vne belle Chappelle qui y a eſté
conſtruicte, & par la continua-
tiõ des guariſons miraculeuſes,
qui ſe font de pluſieurs maladies, par toute la terre, où l'on
porte certains petits vaiſſeaux
faits d'argille, pris & cuirs en ceſte place meſme. Vn pareil miracle en faueur d'vn certain for-
geron, qui auoit promis au Pere
S. François, de fournir tout ce
qui ſeroit de ſon art, pour la fabrique de ſon Conuent, pourueu qu'on luy fournit du charbon : dautant que la foſſe que
l'on auoit faite pour faire du
charbon, ſuiuant le compromis,
n'ayant eſté bien eſtouppée, le
feu en ſortoit par beaucoup
d'endroits, pour à quoy reme-

dier, le Pere S. François commanda à vn de ses Religieux
d'aller querir de la terre glaise,
pour boucher ces trous, & cependant il les bouchoit de ses
pieds & mains nuës, relançant
les flammes & le feu dans le
creux de la fosse. Au deduit de
ceste histoire prodigieuse vous
descouurirez que le feu respe-
ctoit dautãt plus l'humilité profonde de ce sainct personnage,
que cruellement & furieusement il gesne & tourmente par
son actiuité immortellement
deuorante sans consommer, ces
esprits boursoufflez d'orgueil &
d'enuie, dans le creux de l'a-
bysme: mais puisque nous sommes sur ce discours des defe-
rences de l'element du feu à
l'innocence du P. S. François,
il est grandement remarquable
comme il se seruoit de sa sou-

Le feu
n'agit
contre
S. Fran-
çois à
cause de
son hu-
milité.

plesse , aussi bien pour la conseruation des biens de son pauure Conuent , comme pour sa
fabrique. Vn iour vn ouurier
ayant dérobé des figues du
bon Pere, fut accusé par vn de
ses compagnons , luy niant le
faiĉt , le sainĉt homme qui estoit
lors proche d'vne chaudiere de
lesciue boüillante , plongeant
le bras nud bien auant dedans
sans s'offencer aucunement , le
retira aussi frais qu'il luy auoit
trempé. Puis dit au larron, mon
fils, faits comme i'ay fait , & ie
te promets de la part de Dieu,
que si tu n'as mangé les figues,
tu retireras ton bras de là dedãs
sans estre offencé , pour asseurance de ton innocence. Mais le
larron de figues, qui se sentoit
coupable , ne l'osa pas entreprendre , ains se retira la honte
sur le front. C'estoit chose or-

Espreu-
ue d'vn
menson-
ge par
vne eau
boüil-
lante.

C v

dinaire au sainct, de faire cuire
& boüillir le manger des ouuriers sans feu , allumer par miracle les cierges & lampes de
son Eglise, marcher sur les charbons allumez , comme sur les
roses , les manier comme des
fruicts delicieux : tant absolu-
estoit l'Empire qu'il auoit sur
cest element, qui plioit sous ses
loix ; mais il ne s'en faut estonner , puisque la mort impitoya-
ble entendoit sa voix pour rendre sa proye, & remettre entre
les viuans ceux qu'elle auoit
desia rangé entre les trespassez.

Nostre Pere S. François a rendu
la vie à plusieurs morts, ainsi que
le fil de ceste vie en raccourcy le
pourra faire voir , mais il semble
auoir plus triomphammét gour-
mandé l'empire de la mort,
lors de la fondation du Conuent de Paule en deux occa-

fions, la premiere fut au fait d'vn
ieune enfant de grand maison
qui auoit esté enuoyé trauailler
auec S. François au Conuent
de Paule. Ce ieune enfant s'e-
ftoit inconfiderement mis à trauailler auec vn picq fous vn ef-
chaffaudage, or efchauffé qu'il
eftoit à la befongne, ne prenant
pas garde que ce qu'il abbattoit,
feruoit de fouftien à certains ef-
chaffaux, il efbranla vne mai-
ftreffe poutre, laquelle fortant
de fa place, toute la machine
qu'elle fupportoit, vint à tomber fur luy, l'efcrafant fur la
terre, fi qu'il eftoit iugé pour
mort, là aux enuirons eftoient
quantité d'ouuriers, qui furent
faifis d'vne crainte & regret extreme : car outre la perte d'vn
ieune homme, ils redoutoient
la fureur de fes parens, qui leur
imputeroiét la mort de leur en-

Enfant
efcaché
fous vne
poutre,
remis à
vie.

C vj

fant, qu'ils deuoient aduertir &
retirer de ce lieu qui menaçoit
ruine ; vn bruit & clameur se
leue dans le Conuent, comme
si tout eust esté perdu : ny auoit
aucun de la trouppe si asseuré,
que d'oser en aller porter la
nouuelle au Pere S. François,
qui pour lors estoit en prieres
reclus dans sa celle : en fin deux
ou trois des plus resolus s'armerent d'asseurance, pour aller
porter ces malheureuses nouuelles au Sainct, qui les voyant
tout estonnez, & comme sans
parole, leur dit, qui a-il mes
amis, qui a-il ? Helas ce firent-
ils, ce ieune enfant est tué & es-
crasé sous vne poutre, le Pere S.
François sans s'estonner leur
demanda en quel endroit, eux
le conduisirent au lieu, où cest
heureux malheur estoit arriué.
Où estant il leurs commanda à

tous de fe retirer à l'efcart, & le
laiffer là feul, ce qu'ils firent de-
meurant toufiours en inquietu-
de, iufques à ce qu'ils euffent
veu la fin de cefte refufcitation
triomphante ; le Sainct auffi fe
retira fur vn petit tertre vn peu
efloigné du lieu où eftoit gifant
le corps du mort : là il fut veu
comme emporté en vn certain
tourbillon de vent, & il y fit
quelques prieres, puis il s'en
vint au lieu où eftoit le corps
mort, fur lequel ainfi qu'vn autre Helifée, il fe ietta, appliquant
fes membres, & les adiu-
ftant à ceux de l'enfant tref-
paffé, & ayant doucement
donné de fon fouffle dans fa
bouche, il refufcita le ieune
homme, qui fe remit à l'ouurage comme auparauant auec admiration & eftonnemét de tout
le peuple, qui haut loüoit noftre

Seigneur de ce qu'il auoit pro-
digué à son seruiteur, vne si remarquable faueur que de commander à la mort aussi bien qu'à
la vie.

Or comme nostre Seigneur
desployoit le bras de sa Toute-
puissance, pour la miraculeuse
fondation des premiers Conuents de l'Ordre des Minimes,
il fauorisoit encor plus signale-
ment les entreprises de la spirituelle fabrique de ceste compagnie, qui s'est tant respanduë
par toute l'Europe, par le credit
& accueil que son incomparable austerité luy auoit acquis.
Vn ieune homme de la parenté
mesme de S. François, estoit
fort chery de ses pere & mere,
pour les belles partiesqu'il auoit
en luy, si que c'estoit toute leur
esperance & confort: ayãs donc
descouuert le dessein qu'il auoit

de se rendre Religieux, ils l'em-
pescherent importunement par
toutes sortes d'artifices, & voyes
possibles.　S. François aduertit
la mere de ce ieune homme,
qu'elle prit garde de n'irriter
Dieu, & de ne s'opposer aux
mouuemés de ses graces, & que
si elle ne desistoit ses poursuittes à l'encontre des douces dispositions d'enhaut, qui tiroient
son fils au seruice de sa Religiõ,
elle sentiroit la pesanteur de la
main vengeresse de Dieu. Ceste
mere ne pouuant oublier qu'elle estoit mere, & commander à
la desreglée affection d'vne mere, empeschoit encor plus son
fils en sa saincte resolution. Parquoy n'ayant fait son profit des
remonstrances prophetiques de
son sainct parent, son fils fut
saisi soudain d'vne fiebure mortelle, dont tous les Medecins

deſeſperoient : ceſte extremité
de maladie luy fit rechercher le
ſainct homme , pour implorer
le ſecours de ſes bonnes prieres, ſe promettant que puiſqu'il
eſtoit ſi liberal des faueurs du
Ciel pour la guariſon des eſtran-
gers, il ſe monſtreroit affectionnement ſecourable en ceſte
ſienne neceſſité en conſideration du parentage. Mais le S.
parent ne la voulut entendre,
dautant ce luy dit-il, qu'elle n'a-
uoit voulu entendre la voix du
Ciel, cependãt l'enfant meurt,
& l'on diſpoſe les funerailles &
l'enterremẽt en l'Egliſe du Cõ-
uent de Paule, le corps du def-
funct y eſt apporté auec pompe
funebre , & quantité de perſonnes ſignalées y aſſiſtent, l'on
y chanta tout le ſeruice à l'ordinaire, auquel ſainct François ſe
treuua preſent , & laiſſa faire

Enfant
reſuſcité
apres
trois
iours.

toutes les ceremonies, & porter
le corps iufquesaupres de la fof-
fe, où eſtát pres d'eſtre deuallé, il
cõmanda que l'on ne procedaſt
plus outre, & fiſt retirer toute
la compagnie, voire meſme dit
à ſes Religieux, qu'ils allaſſent
en leur chambre : tous eſtans
retirez, il chargea le corps ſur
ſes eſpaules, & le porta en ſa
chambre au Dortoüer, où il demeura trois iours & trois nuiꞔts
en prieres, ſans boire & manger, au moins qu'on ſe ſoit apperceu, au troiſieſme iour il
manda querir la mere de l'enfant, laquelle eſtoit attendant
tous les iours d'heure en heure,
le ſuccez de ce faiꞔt extraordinaire de ſon ſainꞔt parent. Elle
vint en diligence, accompagnée
de quantité de perſonnes, qui
eſperoient quelque ſignalé miracle, ainſi qu'ils eurent ce bien

que de le voir; la mere estant arriuée au Conuent, S. François
luy demanda si elle estoit desormais resignée à la volonté de
Dieu, & si elle seroit contente
que son fils fut Religieux, au cas
que par vn effort de la grace de
Dieu il resuscitast; elle se figurât
que la chose estoit dautant plus
impossible, qu'elle la desiroit
plus ardemment, se mit à former ses plaintes en la sorte, helas ne vous suffit-il pas de voir
vne pauure mere noyée de tristesse & d'affliction, sans luy
rengreger la playe par des semblables mocqueries. Non non,
repartit le S. homme, il est que-
stion de sçauoir tout à bon, si
vous serez resignée à la volonté
de Dieu, helas ce fit elle, si mon
outrecuidance & irresignation
passée, pouuoit se promettre
vne si signalée faueur du Ciel,

ce me seroit le plus grand contentement que ie pourrois auoir
en ce monde, que de le voir sur
la fin de mes iours, portant vostre habit au digne seruice du
Seigneur de la vie & de la mort,
auquel i'ay appris à mes despés,
de combler mes desirs, sous ses
commandemens & indispensa-
bles dispositions. Là dessus le
sainct, fut en sa celle où il resus-
cita l'enfant, le reuestit de son
habit & l'emmena auec soy dãs
l'Eglise, le presenta à sa mere,
luy disant, mere est-ce là vostre
fils, fils est-ce là vostre mere !
la mere toute saisie d'aise, comme l'assemblée d'estonnement,
respondit sagement. Oüy c'est
mon fils, mais qui est plus vostre que non pas mien? O mon
fils dit la mere à son enfant resuscité, voila d'oresnauant vostre pere, ie ne peux plus rien

pretendre à vous, puis que la
mort m'a rauy tout ce que ie
vous auois donné. Quelle merueille que ceste-cy ? Que belle
& remarquable est ceste leçon,
pour les parens qui attachans
trop sottement leurs affections
vers leurs enfans, se figurent
qu'ils sont tellement à eux, que
la grace n'en puisse disposer: que
les peres & meres apprennent
à ce bel exemple, de ne s'opi-
niastrer contre les souefues dispositions de Dieu, qui est le souuerain Seigneur de toutes ses
creatures, & qui se veut mon-
strer plus ialousement maistre
absolu des hommes, que non
pas du reste de la nature.

Derniers miracles faicts à Paule par S. François de Paule.

CHAPITRE V.

LA suitte d'vne histoire m'appelle icy à descrire au long la reception & peuplade de ses Religieux deuant qu'il vint en France : mais d'vne autre costé il me fasche de passer sous silence tant d'autres signalez miracles qu'il a fait au Conuent de Paule. C'est pourquoy pour satisfaire à la briefueté & netteté du style historique, & pour ne point aussi commettre de sacrilege, en taisant les merueilles que le Ciel a fait voir en ce Sainct, i'adiousteray icy en passant quelques guarisons, & operatiõs plus surpassantes l'ef-

fort de la nature, & duisantes à
l'edification des fidelles : comme entre cent autres miracles,
la guarison de deux cent malades pour vn seul iour : celle de
sept lepreux en diuers temps,
dont l'vn s'appelloit Marcel de
Cardilla natif de Cusance, qui
estoit si fort gasté de ce vilain &
hideux mal, qu'il en auoit perdu la parole, auec l'vsage des
pieds & des mains, & estoit si
fort horrible à voir, que l'on ne
pouuoit ietter la veuë sur luy
sans horreur. Ce pauure malheureux fut amené au sainct
homme qui le regarda fixemét
vn assez bon espace de temps,
auec des yeux d'vne charitable
compassion, durant quoy sans
doute, ou il s'entretenoit en la
consideration de la laideur d'v-
ne ame pecheresse, ou bien
en vne profonde contempla-

rion de la face adorable de noſtre Seigneur, qui eſtant decra-
chée & deſigurée pour nos for-
faictures par les perfides Iuifs,
rapportoit plus au viſage d'vn
ladre, que non pas à la delicate
charnure d'vn homme qui porte la gloire de Dieu empreinte
en ce chef-d'œuure de la nature. Tant y a qu'apres auoir atten-
tiuement conſideré la vilainie
de ceſt infame mezeau, il en leua ſes yeux pleins d'eſtonne-
ment & de commiſeration, &
luy dit qu'il euſt confiancé en la
bonté de Dieu, qui le pouuoit
ſeul guarir & en l'ame & au
corps : puis s'eſtant vn peu eſ-
carté pour ſe mettre en prieres,
il prit le lepreux par la main, qui
auſſi-toſt ſe leua ſur ſes pieds, &
ſe ſentit à l'inſtant tout guary.
Or en ces guariſons eſt à remarquer que le Pere S. François

Il gua-
rifloit
premie-
rement
l'ame
que le
corps.

s'eftudioit à rendre premierement la fanté de l'ame, que non
pas celle du corps ; ce qui fe iuge de ce qu'il tint trois autres
lepreux fort long-temps dans
fon Conuent : leur faifant des
exercices de deuotion, & reco-
gnoiftre le malheur de leurs
mauuaifes habitudes ; apres
quoy il les renuoyoit nets de
cœur & de corps. L'vn de ces
trois là eftoit Grec, qui auoit
paffé la mer fur le recit des merueilles, que N. S. operoit par
S. François. Ce qu'auoit auffi

Deliurã-
ee d'vne
poffe-
dée.

fait vne femme du païs d'Aufi-
tolie, laquelle eftoit poffedée
du diable, & fa peine ne fut fans
foulas : car fi toft que le diable
vit le fainct, il fe mit à crier à voix
effroyable, voila mon ennemy:
mais il ne fit rien pour cefte premiere veuë, peut-eftre à caufe
qu'il y auoit là du peuple, qui
eftoit

estoit accouru de toutes parts à
ce spectacle : car nostre Pere S.
François fuioit comme la peste
la vanité & tout ce qui en ap-
prochoit. Le lendemain on luy
ramenne la possedée, laquelle
quelques Religieux Prestres du
Conuent vouloient exorciser,
ausquels Sathan dit, ie ne vous
crains point tous tant que vous
estes dans ce Cloistre, que vostre Pere François ne compa-
roisse : ce neantmoins ils ne lais-
ferent pas d'employer leurs
exorcismes, dont le diable ne
tenoit compte en apparence,
ains jasoit & babilloit hardimét
amusant le peuple de sottises &
mensonges ; ce qu'ayant sceu le
Pere S. François, il s'alluma d'v-
ne saincte cholere, & s'en vint
luy faire commandement de la
part du Dieu viuant, de se taire
& sortir en diligence, sans autre

S. Fran-
çois fuit
la vanité
aux ex-
orcis-
mes.

Il ne
laissoit
parler
les de-
monia-
cles.

D

delay : & sur tout se garder bien de laisser en la pauure creature possedée aucune incommodité, Le diable ne dit plus mot, sortant sur l'heure mesme , & la femme se trouua exempte des oppressions d'vn si furieux hoste , libre d'esprit & de corps.

Au mesme Conuent de Paule, vn autre Demoniaque nommé Dominique, qui luy auoit esté amené du païs d'Arenes , fut deliuré en mangeát trois figües qu'il luy donna, ce qui estoit totalemét miraculeux : car il estoit si furieusement & cruellement tourmenté, que dix hommes ne le pouuoient pas retenir de toute leur force.

Ce fut encores durant son sejour à Paule, qu'il guarit vn hydropique nommé Gregoire de Bisace , lequel admirant la saincteté de ce nouueau Pa-

Sa puissance sur les diables.

Demoniacle guary par trois figües.

Qui se fait Religieux.

triarche , luy demanda l'habit
de son Ordre qu'il prit de sa
main , pour vser la santé qu'il
auoit recouuert si miraculeusement au seruice de Dieu &
de son Medecin. Vn Religieux
de l'Ordre des Augustins estoit
allé en vne forest coupper du
bois par obedience, lequel par
mesgarde se couppe le pied
auec la coignée dont il perdit
grande quãtité de sang: le Sainct
s'y trouua heureusement , pour
assister ce Religieux qui s'employoit affectionnement à l'O-
beïssance , lequel apperceuant
le pauure estat auquel il estoit
par terre pasmé de douleur , &
& affoibly du sang qui sortoit
continuement , luy dit , frere
François, qu'est-ce là, vous auez
respandu bien du sang , helas fit
le Religieux, i'ay le pied perdu:
le sainct repartit, ç'a mon frere,

Pied
couppé
d'vn Re-
ligieux
reioint.

D ij

voyons ce que c'eſt ! ha repliqua le frere, s'en eſt fait ſi Dieu
n'y met la main par la voſtre,
mais le ſainct prenant ſon pied
& regardant la playe, luy dit
voyez mon frere, le miracle de
la ſaincte obeïſſance: vous vous
eſtiez couppé le pied, & pourtant ie n'y apperçois rien d'offencé, ny aux nerfs, ny aux veines, ny aux muſcles: cela neantmoins ne pouuoit arriuer ſãs la
Toute-puiſſance de Dieu. Sça-
chez mon fils, *que c'eſt le merite*
de l'obedience qui luy a tant agrée,
qu'il vous a guaranty de ce mal-
heur ineuitable : car voſtre pied
ſans cela eſtoit perdu. Si ce ieune Religieux fuſt ſi charitable-
ment ſecouru en conſideration
de ſa prompte obeïſſance: l'Ar-
chipreſtre de Letargo, ville du
Dioceſe de Bezignã ne le fut pas
moins pour ſa grande deuotion

au S. Sacrifice de la Messe, dont
il estoit empesché par vn chan-
cre qui luy auoit mangé vne
partie du nez & des leures, car
le Pere S. François marry qu'vn
si petit accident priuast l'Eglise
de N. S. d'vn si grand benefice,
& le Purgatoire d'vn si souuerain secours, il luy toucha la
partie chancreuse d'vn morceau de cotton mouillé dans vn
peu d'eau fraische, luy recommandant d'auoir confiance aux
merites de l'eternel Prestre selon l'Ordre de Melchisedech,
& qu'il ne manquast de venir
offrir la victime innocente &
glorieuse du corps & sang du
Fils de Dieu dans son Eglise, le
iour à peine fut-il venu, que le
Prestre se vit guary, & vint celebrer la saincte Messe au Conuent, en recognoissance d'vn si
signalé bien faict, qu'il prescha

D iij

& publia par tout où il peust.

Or le Pere S. François ne vouloit qu'on se dispensast de celebrer la saincte Messe, si ce n'e-
stoit pour de grandes raisons, &
disoit que la *cause meritoire des
biens temporels & spirituels dont les
Ecclesiastiques sont plus specialement aßistez du Ciel, estoit la digne
& frequente celebration de si profonds mysteres:* si qu'vn iour Dom
Charles Pyrrho Prestre Con-
sentin dont nous auons cy-dessus parlé, estant trauaillé d'vn
grand mal de dents qui estoit si
violent, que toutes bransloient
dans les genciues de la pointe
de la douleur qu'il en sentoit.
Vn iour il côbattit en son esprit
s'il diroit la Messe ou non, pour
l'excez de ceste rage:mais en fin
s'armant de resolution & de
patience, il la dit sans autremét
estre atteint de ceste douleur

parquoy se promettant quelque
entiere guarison de ce mal im-
portun, il vint voir son sainct
homme, lequel le preuenant
par esprit de Prophetie, luy dit,
Monsieur vous auez bien fait de
ne point auoir succombé à la
tentation, & d'auoir dit la saincte Messe; nostre Seigneur vous
veut guarir de vostre mal de
dents, lesquelles le Pere sainct
François ayant touchées de ses
mains, onc depuis ne sentist
aucun mal tout le temps de sa
vie, durant lequel il honora
grandement le sainct homme,
& quand il sçauoit quelque
nouueau miracle signalé fait par
luy, ne manquoit de venir au
Conuent y offrir le Sacrifice Eu-
charistique, en action de graces
de telles faueurs que le Ciel de-
partoit à ce Diocese. Comme
entr'autres fut celle qui parust

Messes dictes pour actions de graces.

aux yeux d'vn grand peuple qui auoit suiuy vn homme de Maratea ville de Calabre, qui estoit aueugle y auoit sept ans, le sainct luy fit le signe de la Croix sur les yeux, il luy commanda d'entendre la saincte Messe en son Conuent, cõme on leuoit Dieu les yeux de cest aueugle furent esclairez, & la maligne humeur qui causoit l'aueuglement fut dissipée: le nouueau clair voyãt fut si transporté de ce miracle que la cõsideration des effroyables mysteres, qui s'acheuoient ne l'empescha de crier tant qu'il peust, misericorde, misericorde, il y a sept ans que ie n'ay veu, & ie vois maintenant le corps de Iesus-Christ. Il rendit encor la veuë à plusieurs autres aueugles. Mais vn fait qui surpasse toute admiration, voire mesme deuance en merueille tous les mi-

Marginalia:
Aueugle voit clair entendant la saincte Messe.

S. François a rendu la veuë à plusieurs aueugles.

racles faits en ce sujet par N. S.
& ses S. Apostres est cestui cy
qui sortit de la toute-puissante
main du Sainct assisté de Dieu
en la personne d'vn enfant qui
auoit paru au monde comme
vne masse de chair sans forme
ou figure d'humaine apparence, car il estoit sans bouche &
sans yeux. Cest enfant fut presenté à S. François en ce pauure equippage, lequel larmoyãt
sur la misere que le peché a en-
trainé sur nostre pauure nature,
prit de sa saliue & en marqua les
endroits, ou deuoient estre les
yeux & la bouche : lesquels cõ-
mencerét à paroistre si tost qu'il
les eust appellez par le diuin at-
touchemét de ses sainctes mains.
Tout le monde qui estoit là as-
semblé, iugea que la merueille
de l'aueugle nay en l'Euangile,
auoit esté non seulemét renou-

Miracle en vn enfant, qui estoit né sãs yeux & sans bouche.

D v

uellée, mais mefmemēt augmē-
tée par la mefme toute-puiffance de Dieu, ouuriere de chofes
fi admirables à la gloire de fon
nom, & honneur de fon feruiteur fainct François.

I'arrefteray le cours de cefte
defcription des miracles faicts
à Paule, apres auoir remarqué
qu'il rendit la parole à deux
creatures en leur commandant
de prononcer le fainct & doux
nom de Iefus, auquel il eftoit
fi deuot qu'il voulut qu'on fur-
nomma fon Ordre & la plus
part de fes Conuents, de Iefus-
Maria. La premiere eftoit vne
fille aagée de douze ans, muet-
te dés fa naiffance, dont il arma
le front du figne falutaire de la
Croix, puis luy commanda de
crier hautement auec luy, en
prononçant Iefus, ce qu'elle fit:
l'autre eftoit vn hōme né muet

Muets repren-
nent la
parole
pronon-
çant le
nom de
Iefus.

auquel il commanda pareillement de prononcer par trois
fois le mefme adorable nom de
Iefus , qui l'articulant tref-di-
ftinctement fur l'heure , rem-
plit l'air de cefte voix agreable
au Ciel & redoutable à l'Enfer,
& quant & quant l'affiftance
d'eftonnement, quand elle s'apperceut qu'en fuitte de la liberté de langue en cefte pronon-
ciation, il parla depuis auffi facilement , que s'il euft eu les organes naturellement difpofez à
la parole.

I'auois prefque laiffé efchap-
per vn fait miraculeux, qui tef-
moigne fon innocence, & fa facilité à faire des miracles à la
moindre occafion. Le fainct
homme deuant qu'il fuft en fon
Conuent de Paule, eut deux
animaux qu'il nourriffoit pour
y prendre quelque innocente

recreation, l'vn estoit vne biche
qui s'estoit venuë ietter entre
ses bras , estant poursuiuie des
Veneurs , cest animal respe-
ctoit la saincteté de l'homme de
Dieu , le suiuant par tout où il
alloit , & luy faisoit mille caref-
ses , mais vn iour ses ouuriers
n'ayant dequoy manger la luy
demanderent, ce qu'il leur accorda : car lors aussi bien luy
auoit esté presenté vn petit
cheureuil , qui en bref luy fust
aussi appriuoisé que la biche : les
Maçons qui auoient trouué
bonne la biche , voulurent aussi
gouster du cheureuil ; mais ils
n'en demanderent congé au
sainct homme : ains ils le man-
gerent en cachette , & à ce
que l'on ne s'apperceust de leur
larrecin , ils ietterent les pieds
& les os dans vn four à chaux
qui estoit au Conuent ; se per-

suadans que le feu & brasier allumé, les auroit bien tost reduit
en cendres. Sair & François de
Paule qui ne voyoit plus son
cheureuil luy faire feste, voulut
sçauoir ce qu'il estoit deuenu,
vn de la trouppe luy dit qu'il
auoit esté mangé entre les Manœuures, & que le reste deuoit
estre dans les cendres du four.
Ceste nouuelle fascha vn peu
le Sainct, mais le Ciel qui ne
vouloit qu'il souffrit la moindre
chose, luy fit la faueur de le luy
representer & faire resusciter
au premier appel de sa voix: car
plein d'esperance & de confiance en nostre Seigneur, il
fut à l'emboucheure du four, où
si tost qu'il eust crié Martinet,
(c'estoit le nom du petit animal)
sorts d'icy, le cheureüil fut re-
produit dans ces cendres, & sortant du milieu des flammes ar-

dantes, s'en vint se lancer entre
les bras de son sainct Maistre.

C'est icy quelque idée de la
grande facilité qui est en la toute puissance de Dieu au triomphe de la resurrection de nos
corps, par lequel la vie surmon-
tera la mort, & toute la corruption que la nature, qui est en
vne perpetuelle alteration &
changement, auoit apportée sur
nos carcasses, sera vaincuë par
la voix viuifiante du Seigneur
de la gloire? O qu'il falloit bien
que ceste ame innocente & vir-
ginale de S. François eust vn
grand & estrange pouuoir &
credit dans le Ciel pour operer
de si rares merueilles, & en des
occasions si peu importantes.
Où sont les incredules de ce
temps, qui à peine veulent-ils
croire les miracles qui se font
pour le sujet necessaire de la

Miracles faits en plusieurs occasions, & pourquoy.

foy orthodoxe ? qu'ils apprennent de ceſt exemple, qu'il n'y
a rien d'impoſſible à celuy qui
cherit Dieu, & qu'il eſt auſſi
aiſé à la Toute-puiſſance diuine, d'aſſiſter ſes creatures en ce
qui eſt des œuures ſurpaſſantes
la nature, comme de les aider
aux naturelles.

Fondation du Conuent de Paterne,
& les grand miracles qui y
furent veus.

CHAP. VI.

SVr le grand bruit qui cou-
roit de toutes parts de la ſaincteté & miracles de S. François,
on le deſiroit auoir en autant de
Citez qu'il y en a en Italie ; Paterne le requit inſtamment, &
luy preſenta vne place pour y

fonder vn Conuent ; la reception d'vn de ses bien-heureux
Disciples, le B.P. Paul de Ren-
dace, qui estoit des premieres
maisons de ceste ville, luy fit
prendre resolution d'y bastir vn
Monastere, ce fut enuiron l'an
1444.

Or si le Conuent de Paule a
esté fondé & basty par miracles
celuy-cy l'a encor esté plus ; &
à proprement parler, ç'a esté le
theatre de la gloire du sainct
homme, qui pour lors estoit en
la fleur de son aage, & plus
grand esclat de ses merites. Car
l'assiette du lieu qui luy fut presenté estant incommode pour
vn bastiment regulier, fut reformée & applanie à sa seule parole en commandant aux monta-
gnes de se transporter: ainsi qu'il
fit à l'occasiõ d'vn ruisseau qu'il
vouloit faire tomber dans l'en-

ceinte des murs de son Conuent, car ayant apperceu que le
roc empeschoit ceste commodité, il dit à la roche, Ma sœur retirez vous par charité, & laissez
venir mon frere le ruisseau, la
pierre insensible eut des oreilles
pour receuoir & executer ses
commandemens : autant en fit
vn pan de muraille, qui pan-
choit pour tomber. Car il s'arresta en l'air, au nom de Iesus
prononcé par le Sainct. Il seroit
ennuieux de rapporter icy combien de fois il a manié ou fait
mener miraculeusement des
charges d'excessiue pesanteur
& grosseur, comme des longs
& gros sommiers, des pierres de
six, sept, & huict quintaux, qu'il
rendoit legeres & maniables
comme si c'eussent esté des petits fardeaux de dix ou douze
liures, & ce par le signal de la

saincte Croix , lequel à peine
estoit-il empreint sur les pou-
tres ou pierres, qu'elles venoiét
legeres comme plume : voire
mesme quelquefois ces materiaux se voyoient transportez
sans secours humain : si que l'on
iugeoit que les Anges estoient
à ses costez , pour auoir l'honneur de trauailler à ses Conuents: ainsi le creut-on, quant
on luy vit prendre d'vne main
vn lourd sommier , que cinquante hommes n'auoient peu
porter, & l'asseoir sur le portail
de son Eglise de Paterne, neantmoins il rapportoit ceste operation extraordinaire à la toute-
puissance de la viue foy: car vn
iour il commanda à vn voiturier de porter tout seul deux
sommiers, que deux paires de
bœufs n'auoient peu charrier,
ce que refusant de faire le voi-

turier alleguant qu'il n'auoit pas plus de force que quatre bœufs: le Sainct luy dit qu'il auoit peu de foy. Et bien repliqua le voiturier : i'ay la foy, chargez les donc sur mes espaules, & puis ie les porteray : Or il disoit cela, pésant qu'il fut impossible, mais il fut grandement estonné quãd il vit le sainct homme, leuant ces fardeaux comme si c'eussent esté des perches de sapin bien legeres, lesquelles il chargea sur les espaules de l'artisan, qui les porta auec le sainct assez loin, sans trauailler sous vn tel faiz. Par la mesme foy il redressoit les arbres tortus, fendoit en deux ceux qui estoient trop gros, reduisoit en vn ceux qui estoient trop menus pour son dessein : bref tout luy obeïssoit à son gré, tant estoit viue sa foy. Tant de guarisons miraculeuses d'ouuriers s'y virent, que les malades venoient du fonds de la Grece & de toute l'Italië, pour auoir ce bon-heur que de trauailler à son attelier. Les Seigneurs, les Dames, les Ecclesiastiques ne dedaignoient de porter les materiaux pour ses fabriques. L'on a licentié mesme quelquefois des Religieuses qui auoient des maladies incurables, pour receuoir guarison par les mains du sainct homme, qui leur enchargeoit de retourner diligemmét en leur Cloistre, & bien seruir nostre Seigneur. Aussi estoit-ce vn Maistre digne d'estre seruy: car il nourrissoit là ses ouuriers de viandes miraculeuses, & par consequent beaucoup plus substantielles & succulentes que les ordinaires, qui sont le plus souuent corrompuës : attendu que les œuures de Dieu telles

qu'estoient ces repeuës surna-
turelles sont tres parfaictes. Vn
iour il repeut trois mille personnes qui l'estoient venus visiter des lieux circonuoisins en la
ville de Paterne auec vne cor-
beille de pain, & vn petit pot de
vin, l'vn & l'autre restás entiers,
sans qu'on y apperceut aucune
diminution. Vne autre fois, sortant de sa celle, il rencontra vn
ouurier, & luy monstrant vne
figue luy dit, pēseriez vous bien
que ie peusse vous donner, & à
tous vos compagnons vn morceau de ceste figue, l'artisan iugeant que c'estoit chose impossible, luy respondit par maniere
de risée, mon Pere si vous en
donnez à tous, que vous en re-
stera il? Le sainct homme repliqua, *La grace de Dieu mon amy*
qui ne manque point à ceux qui en
ont besoin, & s'en rendent dignes.

Puis partageant la figue en donna vn morceau à chacun des
ouuriers, qui estoient vingt en
nombre, & toutesfois la figue
luy restant entiere sans diminution quelcõque entre les mains.

Il refectionna encores vingt
ouuriers qu'il auoit mené dans
le bois pour choisir & coupper
des arbres propres à son bastiment, n'ayant qu'vn petit pain
& vn barillet de vin, dont ces
artisans murmuroient, se per-
suadans qu'il n'y auoit à suffisance pour vn d'entr'eux : mais
apres qu'ils eurent esté repeus,
ils confesserent leur mescreance, & demanderent pardon de
leur peu de confiance en la prouidence de Dieu. I'obmets icy
combien de fois les febues &
autres viandes qui n'estoient
seulement eschauffées, furent
cuittes par l'attouchement ou

approche du sainct homme, qui
estoit vn feu embrasé d'amour
de Dieu & du prochain. Que
s'il mesaduenoit aux ouuriers en
trauaillant pour l'amour de nostre Seigneur, ils estoient aussi
tost preseruez de tels dangers,
quelques grands & deplorables
qu'ils fussent. On creusoit les
fondations de Paterne, lors
qu'vne grande quantité de terre & de pierres enseuelit deux
manœuures, qui furent tenus
pour estouffez & escrasez sous
ces eboulemens de terre. Mais
le sainct homme essuya les larmes & asseura l'apprehension
des assistans, qui crioient, Misericorde, en leur promettant
qu'ils n'auroient point de mal,
& de fait ayant fait leuer la terre
petit à petit on les trouua sains
& saufs; ce qui ne pouuoit estre
sans vne speciale protection de

Dieu, en faueur du sainct & recognoissance de leur deuotion. Et n'y auoit pas long temps que l'on auoit esprouué cas pareil, en la resuscitation d'vn homme qui fut trouué trancy de froid & estouffé de neiges, par des Chasseurs des enuirons de ceste ville. Mais ce qui asseure dauantage de la facilité qu'auoit le sainct homme à se seruir du don des miracles, en faueur de ceux qui s'employoient à son seruice, est le narré des deux histoires suiuantes. Vn Maçon entre plusieurs autres trauailloit à la voute de l'Eglise de l'Annonciade de son Conuent de Paterne, il auoit nom Leonard Philippe, ce pauure homme ne prenant pas bien garde à soy tōba de haut en bas tout roide mort, & fracassé par tous ses membres. Le Pere S. François aduisant

aduifant cefthomme par terre,
s'en vint fans autrement fe ha-
fter, comme celuy à qui Dieu
auoit mis la vie & la mort entre
les mains, & eftant proche du
corps gifant leua l'vn des bras
qui eftoit tout moulu de la ru-
deffe de la cheute : difant, par
charité leuez vous puifque
vous n'auez point de mal, le
mort reprend vie, les membres
fe raffermiffent, & il fe releue
plein de forces & de fanté, en
intention de retourner là haut :
mais comme il s'y acheminoit,
le bon Pere luy dit en foufriant.
Mon amy gardez vous bien de
plus faire de fēblables fauts, car
ils vous feroiēt peut-eftre peril-
leux. Pareil miracle fut veu
au fujet d'vn charpentier, qui
trauaillant au clocher de la mefme Eglife, fe laiffa tomber de
la hauteur d'enuiron cinquante

Parole
gentille
de S.
Fran-
çois.
Autre
mort re-
fufcité.

pieds, tout le monde le tenoit & iugeoit mort, là où le sainct contestoit que non , dautant disoit-il qu'il trauailloit pour la maison de Dieu ; mais c'estoit qu'il n'estoit pas mort à celuy qui auoit pouuoir de le resusciter : ce qu'il fit en luy disant, Leuez vous mon amy, & retournez à vostre besongne.

Ce fut en ce Conuent là encor qu'il guarit vn infame & puant lepreux, qui se vint presenter à luy à genoux faisant sa requeste, ainsi que fit celuy de l'Euangile, Monsieur si vous voulez vous me pouuez guarir : ceste priere faicte en termes de l'Euangile, agrea tellement au S. qu'il luy respondit de mesme, que nostre Seigneur, ie le veux bien, mais au prealable allez vous en lauer dans ce ruisseau qui passe au pied du Conuent. Là mesme

il rendit la veuë à plusieurs
aueugles par l'application de
quelques herbes, qui estoient
toutesfois incapables d'vn si
surnaturel effect, & entr'autres
vn enfant qui estoit né aueugle,
en luy faisant le signe salutaire
de la Croix sur les paupieres, qui
estoit l'instrument ordinaire de
ses miraculeuses operations : si
ce n'est quand il les couuroit de
quelques apparences de moyés
que la nature fournit, tels que
font des herbages, des regimes
de vie, & autres inuentions que
luy fournissoit son artificieuse
humilité. Ainsi que l'on dit qu'il
luy arriua quand il voulut donner la parole à vn enfant né
muet : car l'ayant fait porter dãs
la Sacristie, il fit attacher trois
chandelles allumées contre la
parois, dont se venant à desta-
cher & tomber, l'enfant parla

Aueu-
glesgua-
ris.

Il rend
la parole
à vn
muetpar
vne gen-
tille in-
uention.

distinctement criant, la chan-
delle est tombée, & dessors eut
le libre & entier vsage de la langue, & autres organes de la parole. Le diable y sentit l'effect
des merites du sainct homme :
car là plusieurs demoniacles luy
furent presentez, des corps desquels Sathan estoit contraint de
sortir. Vne femme nommée
Marie Cape estoit si fort tourmentée du malin esprit, qu'outre les monstrueuses & horri-
bles figures & postures qu'il luy
faisoit faire, elle auoit en la bouche des sales, execrables, & blas-
phematoires paroles, ausquelles
toutes les approches du sainct
homme coupperent le cours,
car il en chassa l'autheur du
corps de ceste pauure creature.
Voire mesme la profonde humilité qui esclattoit en luy, pressoit si fort le pere de superbe,

Possedée
deliurée.

qu'il fut contraint d'obeïr au
commandement que luy fit le
sainct Personnage, de trauailler
à son Cōuent: ce qu'il fit tout le
long d'vne iournée, par vn pauure païsan possedé, & pour sa-
laire de sa peine, il luy fut dit de
sortir sur le soir, ce à quoy s'accorda volontiers l'vn des diables, de l'aduis de tous les autres
qui tourmentoient le possedé,
dautant qu'ils se sentoiēt estrangement gesnez par la presence
de cest humble seruiteur du
tres-haut, lequel leur deffendit
d'offencer le patient, & leur accorda de sortir en forme de
vent, qui fit vn si grand & effroyable tonnerre que tout
bransla dans l'Eglise, les portes,
les vitres, les ballustres, bref tout
ce qui estoit là ; car il sembloit
que les bastimens deussent fondre sur l'heure : mais rien ne fut

Le dia-
ble tra-
uailla au
Cōuēt
de Pa-
terne.

Humili-
té chasse
les dia-
bles.

Diables chassez des maisons.

endommagé, sinon le pauure païsan qui demeura sur la place comme demy mort, & qui toutesfois reprit aussi-tost ses esprits, pour rendre graces à N. S. d'vne si inesperée deliurance. Les maisons qui estoient endommagées de malins esprits, en furent nettoyées par les prieres du mesme sainct, voire-mesme il enuoyoit ses Religieux leur faire commandement de la part de Dieu & de la sienne, de vuider le lieu qu'ils incommodoient, & par ce moyen vne fille de maison fut deliurée d'vn

Incube chassé.

Incube qui la tourmentoit iour & nuit. En fin ce Conuent de Paterne estoit la merueille du monde, & le lieu où Dieu desployoit le bras de sa toute-puissance : aussi sainct François de Paule s'y plaisoit-il beaucoup, & plus qu'aux autres Conuents

qu'il fonda par apres en Italie:
fçauoir Corylian & Spezane,
efquels lieux auffi à fon entrée
principalement il fit de fes miracles couftumiers en baftiffant.
Car on lit qu'vn iour ayant employé trois cens ouuriers pour
cauer vn rocher, & y faire vn
conduit pour faire couler vn
ruiffeau dans ce nouueau Conuent, il les repeut tous d'vne
feule figue, apres auoir leué les
yeux au Ciel, comme on lit de
N. S. en la multiplication des
pains au defert. Et la mefme
iournée ayant efté remarqué
qu'vne femme auoit apporté
deux pains à vn de la bande qui
en auoit ja mangé vn quand l'on
s'en apperceut, le fainct homme fe mit à l'efcart en prieres;
d'où eftant de retour, il dit à
ceft homme par charité, vous
auez bien fait de vous confoler

Miracles faits à Coryliã & Spe-zane.

Trois cens ou-uriers repeus d'vne fi-gue.

Imitatiõ de N. S.

& suſtenter des biens que Dieu
vous a enuoyez : mais vous de-
uez ſçauoir que ſa grace doit
eſtre commune à tous, donnez
moy donc l'autre pain qui vous
eſt reſté : le ſainct perſonnage
vſa des meſmes ceremonies que
deſſus, & diſtribua ce pain à
tous ces trois cens hommes, qui
ſe ſentans derechef miraculeu-
ſement ſuſtentez, rendirent
graces à l'autheur de ſi ſouue-
raines diſpenſations enuers leur
indignité.

*Fondation de Spezane, & voyage en
Sicile auec les grands miracles
qui y furent faicts.*

CHAPITRE VII.

Qvant au Conuent de Spe-
zane, qui fut le dernier où

trauailla le Pere S. François auant que venir en France, l'on sçait que le Ciel n'a esté non plus eschars en ses merueilles, qu'aux autres endroits de la residence du sainct homme ; qui à son arriuée ayant trouué vne si grande disette de viures en ceste contrée, que le pauure peuple mouroit de faim, sçachant qu'il y auoit trois pauures hommes gisans sur le paué, tirans aux abbois, leur enuoya chacun vne bouchée de pain, qui les rauigoura & remit si bien, qu'ils confesserent que toutes lesviandes du monde plus nourrissantes , ne les eussent pas tant nourris. Ie n'aurois iamais fait si ie m'arrestois au denombrement de tous ces miracles ,& oublierois mon dessein, qui n'est autre que d'escrire succinctement la vie & mœurs de ce grãd Thau-

Famine remediée par la charité du S.

E v

maturge, lequel comme il estoit
tout miraculeux, ne faut que le
lecteur s'estonne si tout ce que
nous racontons est miracle. Durant qu'il sejournoit en ces
Conuents de Paterne , Corylian, & Spezane alternatiuemét,
il fit vn voyage en Sicile, pour y
benir de sa presence persónelle,
les lieux où son Ordre deuoit
florir. Ce n'est que miracle en
ce petit voyage, car en chemin
s'estant rencontré de cõpagnie
auec plusieurs personnes, qui tiroient à Crotone ville de la Calabre superieure, il leur demanda vn peu de pain pour l'amour
de N. S. Eux n'en ayant à suffisance pour eux mesmes, luy dirent qu'ils n'en auoient point,
le Sainct leur repliqua, qu'ils en
trouueroient dans le sac d'vn de
la compagnie qu'il monstra au
doigt, la honte qui leur monta

au front de se voir descouuerts
& surpris en mensonge, fit tirer
le pain du fonds de la besace, où
il estoit bien caché & enuelop-
pé, quoy que quelques-vns ayét
dit qu'il s'y trouua miraculeusement: tant y a que ce pain mis
entre les mains du Sainct dis-
pensateur, fut si miraculeusement multiplié, qu'il seruit de
nourriture à toute la trouppe
trois iours durant, qu'elle mit à
venir à Crotone, & qui plus est
il resta entier, & fut remis dans
la besace tel qu'il fut pris. Ce
cas fut suiuy d'vn autre tout autrement signalé, auquel donnerent occasion d'vne part la
discourtoisie des Mariniers, &
de l'autre la pauureté & mendicité du Sainct, qui estoit suiuy
de deux de ses Religieux, sçauoir les B. B. Paul de Paterne,
& Iean de S. Lucide, ces pau-

Vn pain sert trois iours & resta tout en-tier.

ures Religieux estans arriuez au
port qui regarde le Phar de Messine , supplierent les Nautonniers, de trauerse , de les vouloir
receuoir dans leur barque, qui
estoit preste de demarer , mais
ces gens de Marine, se doutans
bien que c'estoient des pauures
mendiās, auec lesquels n'y auoit
que gaigner , leurs refuserent
l'entrée de leur vaisseau. Que
fera le Pere S. François en ceste
perplexité , il se met en prieres
auec ces deux autres Religieux,
dont se leuant il prit son man-
teau , & l'estendant sur la mer
fit le signe de la Croix & se mit
dessus , & puis commanda à ces
deux disciples de le suiure, lesquels ayāt par experience apris ,
que Dieu qui selon le Prophete
Royal commande aux orages
de la mer, assistoit tousiours leur
Patriarche aux necessitez , se

Il passe luy troi-siesme le destroit de Sicile sur son māteau.

mettent aux coftez du Sainct,
lequel de fon bafton ainfi que
d'vn gouuernail manioit cefte
flotte miraculeufe fi heureufement, qu'il arriua pluftoft au
Phar de Meffine, que non pas
le paffager, qui pourtant eftoit
party le premier. L'eftonnemét
& l'admiration d'vn faict fi har-
dy & prodigieux, faifit fi puif-
famment & le Nautonnier &
tous ceux qui auoient trauerfé
ce fafcheux deftroit, que fi toft
qu'ils furent arriuez au port, ils
fe ietterent à genoux deuant le
fainct homme, luy demandans
mille pardons, & publierent
par toute l'Ifle, la faincteté de
ce nouuel hofte, qui fut accueil-
ly de tout le peuple auec tant
d'honneur que c'eft chofe incroyable, mais ce n'eftoit pas
encores à l'egal d'vne fi rare
merueille, dont la grandeur eft

cognuë à ceux-là qui ont entendu parler de ces deux gou-
fres tant chantez & rechantez
par les Poëtes, sçauoir Scylla &
Charybdis, qui rendoiét le paf-
fage si difficile & hazardeux, que
le Prouerbe en est venu entre
Scylla & Charybdis. Or la mer
en cest endroit le plus dangereux de la mer Mediterranée,
non seulement se calma sous les
pieds du Sainct, dont elle respe-
ctoit l'innocence, mais mesmes
elle se sentit si honorée d'vne tát
diuine charge, que depuis elle
s'est veuë espargner les vaisseaux qui trauersent le destroit.
Si que les Nautonniers depuis
ce temps ont remarqué que fort
peu de vaisseaux y ont fait naufrage. Au bruit de l'arriuée de
celuy qu'on estimoit Prophete,
& que l'on sçauoit auoir le don
des guarisons, l'on accourut de

toutes les villes de ceste Isle
pour aller au deuant, c'estoit
chose incroyable de voir le mō-
de s'assembler en si grand nombre , pour voir ce prodige de
saincteté : mais il n'estoit autre- Fruict
ment besoin que ce peuple cou- du S. en
rut de si loing , puisque luy- Sicile.
mesme personnellement se
transporta en toutes les contrées
de ce Royaume, auquel l'impieté, l'atheisme, & l'ordure qui sui-
uent en queuë, les desordres des
guerres passées , auoit couuert
toute l'Isle d'espaisses tenebres,
qu'il alloit chassant par ses cha-
ritables remonstrances , autho-
risées d'innombrables miracles : il preschoit la penitence
auec vn zele incomparable, & si
efficace, qu'il changea de beaucoup les mœurs déreglées , &
mauuaises coustumes de ce peuple rebelle à la lumiere. Les

Conuents de Sicile pris & non bastis.

principales villes luy presenterent des Conuents, & il luy fust
force d'accepter plusieurs places, qui depuis furét basties si liberalement, que l'on y voit des
plus belles & amples maisons de
tout son Ordre , soit pour les
freres , soit pour les sœurs. Car
ce fut là qu'il fut principalemét
contraint , de receuoir des personnes de l'vn & de l'autre sexe,
qui desiroient ce consacrer au
seruice de Dieu, sous la garde
de sa Reigle. Le progrez de son
Ordre en ceste Isle fut en peu
de temps comparable à celuy de
toute la Calabre & Italie ; tant
remarquable fut le profit qu'il
fit à conuertir des ames peche-
resses, reduire les errants , &
porter dans la perfection Euangelique, les plus pieux. Apres
auoir trauaillé quelques années
à prouigner son Ordre en ce

païs par plusieurs maisons, il
pourucut de bons Superieurs en
sa place, & s'en reuint en Calabre au Conuent de Paterne, lieu
auquel particulierement il se
plaisoit : mais ce ne fut sans le
grand desplaisir des habitans,
qui pensoient le garder le reste
de ses iours, se figurant l'y auoir
engagé de ce faire par tant de
liberalitez, charitez, & bienueil-
lâce enuers sa famille, qui estoit
ja assez nombreuse. Ce neantmoins n'osant pas s'opposer aux
prouides dispositions du Ciel,
ils vinrent par bandes receuoir *Toute la*
sa saincte benediction, quant & *Calabre*
quant ses dernieres instructiõs. *accourt*
Or comme le Soleil se couchât *à son re-*
sur nostre horison va rejoüissant *tour de*
l'autre hemisphere de la clarté *Sicile.*
& gayeté de ses rays lumineux,
de mesme la retraicte du Sainct
qui auoit couuert toute la Sicile

de tristesse, occasionna vne ioye
indicible, & generale par toute la Calabre, qui accourut en
si grande affluence & si celebre
compagnie, que les Seigneurs
quittoient leurs Palais, aussi
bien que les artisans leurs bou-
tiques, pour emporter l'aduantage des premieres benedictiõs
du S. reuenant; vn iour il alla
bien iusques à mil personnes au
deuant de luy, du nombre desquelles enuirõ cent furent guaries de diuerses langueurs & in-
firmitez, mesme la Marquise de
Polyssene, Princesse alliée à la
Royale maison d'Arragon, y
receut conualescence d'vn flux
de sang, dont il y auoit long-
temps qu'elle estoit trauaillée.

Cēt per-
sonnes
guaries
à son re-
tour.

CHAPITRE VIII.

IE ne discoureray pas icy du
progrez spirituel de son Ordre, qui alloit de iour en iour
s'enrichissant des pierres pre-
tieuses d'ames innocentes, que
nostre Seigneur luy addressoit,
& dont par l'esprit de prophetie & euidente cognoissance
qu'il auoit de l'interieur, il faisoit l'eslite entre plusieurs autres, qui à la foule se venoient
presenter, pour receuoir l'habit de la main ouuriere de tant
de miracles, que l'eternelle toute-puissance faisoit par ce sainct
Patriarche. Heureux vos yeux,
heureuses vos oreilles, qui auez

oüy & perceu ces merueilles.
Or comme la premiere ferueur
& deuótion de ses premiers disciples, s'entretenoit par vne extraordinaire dispensation du
Ciel, il ne faut pas s'estonner si
vne si grande saincteté de vie,
s'est remarquée en ses premiers
enfans de N. P. S. François, du
nombre desquels furent les signalez personnages & bien-
heureux Peres le R. P. Bernardin de Cropulatu, qui fut Confesseur du P. S. François, &
premier Vicaire general de tout
l'Ordre apres sa mort, le P. Nicolas de S. Lucide, le R. P. Antoine Bon, le R. P. Archange
de Lombardie, le R. P. Iean de
la Rocque, & sur tout le B. P.
Paul de Paterne, qui a esté tellement imitateur des vertus de
son Instituteur, qu'en fin il a
merité d'estre honoré du Ciel,

de la grace des miracles durant sa vie & apres sa mort. Son corps est encor auiourd'huy aussi entier qu'il estoit à l'heure de son trespas y a plus de 100. ans. Et est à remarquer vn traict de la prouidence de nostre Seigneur sur l'establissement de nostre saincte Religion, c'est que dans sa bassesse & petitesse, il a tousjours entretenu des personnages autant releuez en capacité, que signalez en pieté, ainsi que i'ay obserué du viuant de N. P. S. François en Italie, auoir esté vn celebre personnage nōmé Balthasar de Spino, qui estoit Docteur és droicts, & Confesseur du Pape Innocent VIII. Et en France le grand Religieux & amplificateur de nostre Ordre le R. P. Binet, qui par son zele, credit, & dexterité, a esclaircy la gloire de son Patriarche,

Miracle au corps du B. P. Paul de Paterne.

Fr. Balthasar Confesseur d'vn Pape.

poursuiuant luy seul sa beatification, & canonization, estendu son Ordre, & maintenu
courageusement en l'esprit primitif de son fondateur, y esta-
blissant de sainctes & loüables
coustumes, qui s'y voyent encor
aujourd'huy en prattique.

Ceste reception de tant de signalez personnages, conuia le
Reuerendissime Archeuesque
de Cosence, de confirmer ses
desseins Religieux, non seulement de consentement verbal
& personel, ainsi qu'il auoit fait
y auoit long-temps, mais aussi
par ses lettres authentiques, luy
eslargissant toutes les prerogatiues & immunitez qu'il pouuoit,
luy donnát plein pouuoir d'accepter Conuents, maisons, &
receuoir Religieux par tout son
Diocese, & qui plus est le dispensant de sa iurisdiction, & le

remettant immediatement sous
la direction du S. Siege Apostolique, qui est vne chose à
remarquer à plusieurs Euesques, *Bel exé-*
qui à la desolation quelquefois *ple pour*
de l'Obseruance Reguliere, *les Eues-*
ques.
veulent s'ingerer de prendre cognoissance des maisons Religieuses qui ne dependent de
leur Iurisdiction. Ce fut en l'an
1471. le septiesme an du Pontificat de Paul II. que cest Archeuesque recogneut les merites
de nostre S. Instituteur par ces
belles & amples concessions :
aussi auoit-il esté luy-mesme
spectateur de quelques miracles, comme entr'autres appor-
tant luy-mesme ces patentes, il
auoit enuoyé quelques poissons *Poissons*
morts enueloppez dans vn peu *morts*
d'herbe, car il desiroit manger *resusci-*
au Conuent auec le sainct hom- *tez.*
me, lequel receuant de la main

du Page de l'Archeuesque les poiſſons morts, vn d'iceux ſi toſt qu'il euſt eſté à nud entre ſes mains, reprit le mouuement & la vie; ſi que le S. perſonnage dit au Page, Noſtre Seigneur ne veut pas que l'on mange ce poiſſon pour ceſte heure, mettons le dans le viuier; l'Archeueſque voulut le venir voir, & remarquer luy-meſme nageant & ſautillant dans l'eau plein de vie. En ſuitte de cet exemption de l'authorité Archiepiſcopale ſous l'immediate du S. Siege, comme auſſi pour le grand eſclat des miracles, dont la renommée s'eſpandoit par toute l'Europe, & dōnoit meſme iuſques dans la Grece. La ſainſteté de Paul II. iugea à propos de commettre perſonnes de pieté & authorité pour s'informer de la verité de ces miracles,

ſainſteté

saincteté & integrité de vie, &
doctrine, crainte qu'en ce téps
nuageux, l'erreur ne se glissast
sous l'apparence de saincteté, &
que Satan ne se transformast en
Ange de lumiere, & pour cest
effect, il enuoya vn sien Chambrier auec lettres addressantes
au susdit Archeuesque de Cosence, qui auoit autrefois faict
recit à sa Saincteté, des merueilles que Dieu operoit par ce sien
Diocesain S. François de Paule. L'Archeuesque de sa part
donna des asseurez tesmoignages de la vertu de ce nouueau
Patriarche, & commanda à
Dom Charles Pyrrho de S. Lucide, personnage bien versé aux
affaires Ecclesiastiques, d'assister le susdit Chambrier iusques
à Paule, où ils se transporterent
de ce pas: arriuez qu'ils furent
au Conuent, ils trouuerent le

F

sainct homme trauaillant à son ordinaire parmy les ouuriers: au reste d'vn si venerable & lumineux aspect, que le Chambrier Apostolique, pressé d'vne respectueuse deuotion, luy fit vne profonde reuerence, & luy voulut baiser les mains; mais sainct François qui estoit tres-respe-

ctueux enuers les Prestres, ne souffrit cest honneur, s'efforçant de pouuoir baiser à genoux celles de cest Ecclesiastique, deputé du S. Siege: disant que c'estoit la raison, puisque nostre Seigneur s'en estoit seruy à de si hauts & redoutables mysteres depuis trête trois ans qu'il auoit esté ordonné Prestre: ceste repartie accreut encor plus l'estime du Sainct dans l'esprit du Chambrier, qui iugeoit bien qu'elle ne pouuoit sortir que d'vn esprit esclairé du don de

Prophetie, dautant que iamais
S. François ne l'auoit veu, ne
peut-estre entendu parler de
luy, encor moins pouuoit-il sçauoir le temps & nombre d'années, qui s'estoit escoulé depuis
qu'il prit l'ordre de Prestrise,
& s'il eust creu son courage, il
s'en fut retourné à Rome sans
autres preuues de la saincteté du
nouueau Patriarche, tãt il auoit
crainte d'estre iniurieux enuers
vn si sainct personnage, en l'es-
prouuãt selon son premier dessein, & par consequent tesmoi-
gnant de la defiance de ses merites : ce neantmoins pensant à
par soy, qu'il auoit commission
de ce faire dũ S. Siege, auquel
appartient la discretion des differents esprits qui meuuent &
animent ce grand corps mysti-
que de l'Eglise, il se resolut
d'executer ce à quoy il estoit

Discre-
tion des
esprits
appar-
tient au
S. Siege.

venu auec toute forte de ref-
pect & d'honneur. Et comme
ceft Ecclefiaftique eftoit fort
bien difant, il entama vn beau,
docte, & pieux difcours, tou-
chant l'operation des miracles,
la conduite extraordinaire des
fainctes ames, prouuant qu'elle
eftoit fort fuiecte aux illufions
de Sathan, & que la plus feure
voye eftoit la commune, qui
auoit efté frayée & battuë par
les anciens Inftituteurs des Ordres, qu'il eftoit tout manifefte
qu'ils auoiét poffedé tellement
l'efprit de Dieu, que c'eftoit
deformais vne temerité, de vouloir innouer quelque chofe à la
difcipline reguliere, adiouftant
ou diminuant à leurs Reigles,
dont la pratique auoit efté al-
loüée de Dieu par tant d'efclat-
tantes lumieres qui ont reluit
au Firmament de l'Eglife, par

le moyen de leurs exactes obseruances. Et que sur tout il re-
marquoit vne constitution dâs
sa Reigle, de presque impossible
garde, sçauoir l'abstinence perpetuelle de la vie quadragesimale, & que tout Legislateur
doit aduiser, que ses loix & or-
donnances, soient esloignées
d'indiscretion, encor plus d'im-
possibilité. Et qu'il luy falloit
prendre garde de n'engager ses
Religieux à des obseruances
surpassantes leurs forces naturelles; qu'il estoit bien plus expedient pour l'Eglise de nostre
Seigneur, & le salut des ames,
qu'il n'y eut point plustost de
Reigles si austeres que non pas
d'y voir tant d'infracteurs sacri-
leges, des promesses que l'on a
faictes à Dieu; ce qui sembloit
deuoir arriuer en consequence
de ceste si rigoureuse & extre-

F iij

me aufterité. Le S. hôme, quo
qu'il repartit diuinement bien
à ce perfonnage par des doctes
& pertinétes raifons,que l'efprit
dont il eftoit guidé en fes entre-
prifes, luy fourniffoit miracu-
leufement à la neceffité, & au
defaut de la faconde naturelle
ou artificielle, luy voulut donner de plus fermes & indubitables affeurances de la volonté
& bon plaifir de Dieu, en faifant quelques actions miraculeufes en fa prefence: entre lefquelles l'on a remarqué qu'il
prit des charbons allumez entre
fes mains, les ferrans & gardans
long-temps, fans qu'il y paruft
aucunebruflure,ne fétit aucune
douleur de la violente actiuité
de cet element, qui eft le plus
vif & actif de tous. Voulant dire par là, que tout ainfi que par
vne affiftance extraordinaire de

Dieu il preſſoit ces charbons
rouges ſans s'offencer les mains,
ce qui ſurpaſſe neantmoins la
portée de la nature : de meſme
auſſi que la foibleſſe de ſes imitateurs ſeroit ſoulagée par la
grace de noſtre Seigneur, pour
n'eſtre intereſſée ſous la charge
de ſes rigueurs & auſteritez.
Car ce dit-il au Chambrier, *rien*
n'eſt impoſſible à celuy qui aime &
ſert Dieu de tout ſon cœur, & tou-
tes choſes crées luy obeüſſent prom-
ptement, toutes s'efforcent de faire
les volontez de celuy qui s'eſtudie &
s'addonne à faire celles du Ciel.
Ceſte derniere réponce qui
pour eſtre ſententieuſe, merite
d'eſtre grauée en lettre d'or, entra ſi auant dans l'eſprit du perſonnage, delegué de la part du
S. Siege, par la merueille des
miracles qu'il auoit veu de ſes
propres yeux, en confirmation

Belles
paroles
de ſainct
Fraçois.

F iiij

de sa nouuelle institution, qu'il se ietta à genoux deuāt le sainct homme pour baiser en toute humilité, non plus les mains comme au commencement de ceste entreueuë, mais les pieds qui auoient marché sur les charbons, & sur les espines, sans s'offencer aucunement. Mais l'humilité compagne de S. François, interdit ces officieuses & respectueuses ceremonies, à la grande deuotion du susdit Chambrier, que Dom Charles Pyrrho de S. Lucide, qui prirent là dessus congé du Sainct, & retournerent auec toute la satisfaction que pourroit desirer l'esprit le plus incredule du monde. Ils furent reuoir l'Archeuesque de Cosence, qui à leur arriuée dit au Seigneur Chambrier. Hé bien que vous semble de ce prodige de saincteté, de ceste mer-

ueille de nos iours, & de ce
bon-heur de l'Italie , de cet
honneur de mon Diocese ? Le
Châbrier recogneut qu'il pouuoit en dire autant que la Roine de Saba, quand elle euſt veu
la gloire & magnificence de la
Cour du Roy Salomon, & con-
feſſer que le bruit & renom du
peuple , eſtoit de beaucoup
moindre que non pas la verité
& l'effect. La ſainčteté du Pape
Paul ſecond, receut auec actiõs
de graces, les depoſitions & teſ-
moignages oculaires & perſon-
nels de ce ſien Chambrier, &
deſlors reſolut de fauoriſer en
tout ce qu'il pourroit, les glorieux deſſeins de ce nouueau
Patriarche : mais la mort qui
n'eſpargne non plus les Vicaires de Dieu, que les plus chetifs
auortons de la nature humaine, l'empeſcha de teſmoigner

F v

par effect, le grand desir qu'il
auoit de prouigner ceste noù-
uelle plante, sous vn si sainct vi-
gneron qu'estoit S. François.
Sixte quatriesme luy succeda en
l'an 1471. lequel bien-tost apres
qu'il eust esté éleué en la Chaire de S. Pierre, effectua ce que
son predecesseur auoit eu intention de faire en faueur de l'Ordre: commençant, ratifia & approuua toutes les concessions &
priuileges que le pieux Archeuesque de Cosence Pyrrhe, auoit
donné liberalement à S. François de Paule, qui sont bien si
amples qu'à peine pourroit-on
rien desirer de plus, en la fondation d'vn nouuel Ordre. Ces
bulles approbatoires & confir-
matoires furent depechées par
le susdit Pape Sixte IV. en datte
de l'an 1472. & 1473. qui estoiét
le second & troisiesme de son

Affectiõ
loüiable
de Pyr-
rhe Ar-
cheues-
que de
Cosence

Pontificat. Outre plus par auctorité du S. Siege, sainct François de Paule fust crée général
perpetuel de son Ordre contre
son gré, car aimant singuliere-
ment les douceurs de la con-
templatiue, il redoutoit & fuioit
le plus qu'il pouuoit, les diuer-
tissemens qui arriuent en consequence de la charge ou conduite des nouuelles Religions ;
à quoy d'abondant il estoit persuadé par la defiance de ses propres forces , se recognoissant
sans lettres & capacité naturellement acquise, & mesme sans
Ordres: pourquoy il voulut deferer le gouuernement à vn de
ses disciples nommé F. Baltha-
zar, qui auoit eu durant qu'il
estoit dans le Siecle grande estime , tant pour sa probité que
pour son grand sçauoir, en con-
sideratiõ desquelles parties, il em

F vj

est fait mention dans les lettres
de Pyrrhe Archeuesque de Cosence. Mais sa Saincteté, iugeant
que ceste institution d'vn ordre
si austere , n'estoit point œuure
d'industrie humaine , ains de
Dieu qui de sa main propre vouloit par miracles & dispensation
extraordinaire, dresser & plan-
ter ce iardin de delices dans la
terre de l'Eglise latine, vers l'O-
rient, c'est à dire proche de l'E-
glise Orientale Grecque, chargea pour tousiours le Sainct de
la direction de son Ordre, ioint
aussi que pour bien accomplir
vn superbe Palais, selon son premier dessein, l'on n'y veut qu'vn
esprit, & plusieurs mains : de
mesme en l'establissement d'v-
ne Republique religieuse , il
faut pour bien conduire tout,
que le mesme cerueau qui a
ietté les premiers projets , ache-

S. Fran-
çois fait
General
de son
Ordre
contre
son gré.

ue le reste iusques au comble
de la perfection, autrement l'on
n'y verroit que manquemens,
& entreprises commencées, &
tost apres rompuës, & laissées
en imperfection. Tant y a que
l'humble S. François, pour ne
perdre le merite de la saincte
Obeïssance enuers le S. Siege,
se despoüilla de tout propre in-
terest des consolations diuines,
pour plier sous ce ioug fascheux
du gouuernement & admini-
stration generale. Ceste nouuelle faueur du S. Siege, luy fut vn
vif esperon, pour le rendre encores plus soigneux & affectionné à estendre sa petite Religion,
aux lieux ausquels on la recherchoit, & quant & quãt vn bouclier pour se deffendre des malueillans, qui s'opposoient aux
fondations de ses Conuents,
tandis qu'il n'auoit autre appro-

Il accepte le Genera-
lat par Obeïs-
sance.

bation que des Diocesains des lieux où il s'habituoit par l'Italie.

Persecutions du Roy de Naples à l'encontre du P. S. François, Protection & vengeance exemplaire de Dieu.

CHAPITRE IX.

AInsi nonobstant l'esclat de la gloire du S. homme, il ne laissa pas d'auoir des persecutions, & certes non telles quelles, mais outrageuses tout à fait, & de personnes puissantes. La sage conduite de Dieu dispensant ainsi les ioyes parmy les pleurs, l'aduersité parmy l'heureux succez des affaires, crainte que nostre nature se venât à oublier, ne s'en orgueillisse & s'at-

tribuë ce qu'elle doit tenir d'enhaut. Aussi est-ce l'vne des plus
signalées faueurs, & liberalitez
dont N. S. honore ses fidels seruiteurs, que de les faire boire
dans le hanap des afflictions &
trauerses, desquelles a eu tousjours bonne part le P. S. François en l'establissement de son
Ordre, specialement lors que
son petit troupeau n'estoit encor exempt de la iurisdictiō des
ordinaires, & n'auoit esté au-
thorisé du S. Siege, se sōt trouués
des Predicateurs si indiscrets,
que d'inuectiuer contre ses miracles, & de calomnier sa Religion naissante, pensant l'estouffer dans le berceau ; comme
l'on lit d'vn Religieux de l'Ordre S. François d'Assise, lequel
le Sainct conuainquit, tant par
ces pertinentes raisons, que pre-

nant du feu entre ſes mains
ſans ſe bruſler, pour preuue de
l'aſſiſtance du S. Eſprit en ſes
actiõs & pretenſiõs, mais toutes
ſes trauerſes n'eſtoiét rien qu'vn
doux zephir qui réueilloit l'eſprit de ſes diſciples, en compa-
raiſon des rudes bourraſques &
ſecouſſes des vents impetueux
qui penſerent totalement dera-
ciner ceſte plante nouuelle, lors
qu'elle n'auoit pas encor autrement bien approfondy ſes racines, Sathan braué pluſieurs fois
par le Sainct & les ſiens, ſuſcita
des malueillans à ſon innocence, chargeant le venin de la me-
diſance & calomnie ſur les levres de quelques perſonnages
de creance, qui eſtoient en la
Cour du Roy de Naples Ferdinand premier, & qui poſſedoiét
auſſi les eſprits du Duc de Calabre, & du Cardinal d'Arra-

gon. Ces Seigneurs souuerains
en leurs terres, se laisserent abu-
ser par les flatteries de ces impo-
steurs, qui à force de charger
calomnie sur calomnie, chan-
gerent l'estime qu'ils auoient de
la saincteté de ce Patriarche,
nouuellemét sorty de leurs terres, en vn mespris & desdain si
outrageux, qu'ils prirent tous
trois resolution d'estouffer ceste
ieune plante, qui respandoit
vne si agreable odeur par toute
la Chrestienté : & de fait com-
mencerent à effectuer leurs in-
iustes & passionnées vengeances, en faisant de tres-expres-
ses deffences au sainct homme,
& aux siens de receuoir plus aucuns Conuents nouueaux : voire mesme aucunes aumosnes
pour l'aduancement & accom-
modement de ceux qui estoient
ja pris, & ayans eu aduis que de-

Dessein
du Roy
de Na-
ples de
ruiner
l'Ordre.

puis peu auoit esté accepté vn
Conuent à Castelmar ville di-
stante de Naples d'enuiron trois
lieues, enuoyerent gens de Iustice, pour arrester le cours des
deuotions qui s'y faisoient, auec
edification du peuple : ausquels
le sainct homme fit responce,
que c'estoit la volonté de N. S.
que là fust dressé vn Monastere
de son Ordre, & qu'il luy falloit plustost obeir à Dieu, qu'aux
hommes, qu'au reste il auoit
gardé les formes requises en tel
affaire, prenant la permission du
Diocesain, & passant contract
legitime selon les loix & coustumes du païs. Et partant que
sa Majesté ne deuoit s'opposer
à vn projet qui ne tendoit qu'à
la gloire de Dieu, & au bien spirituel de ses sujets. Le Cardinal
d'Arragon qui estoit le plus allumé de courroux à l'encontre

du Sainct, & qui auoit animé le
Roy son pere à vser de telles
violences, se sentit si fort offencé de la constante & ferme responce de S. François de Paule,
qu'il fit chasser les Religieux
qui y estoiét auec honte & con-
fusion si grande, que tout le peuple crioit, Vengeáce, Vengeance, parquoy craignant que l'affection populaire ne restablit là
quelque iour les Religieux, il
vsurpa ceste place, qui auoit esté
consacrée à vn si pieux dessein,
& se l'appropria tres-iniuste-
ment, y bastissant vn superbe
Palais. Les pauures Religieux
chassez & bannis honteusemét,
furent se rendre aux pieds de
leur Patriarche qui estoit à Paterne, la larme à l'œil & tout
déconfortez de si mauuais traictemens qu'ils auoient receu :
mais il leur dit, *Qu'ils deuoient*

estre au contraire grandemēt ioyeux d'auoir part aux tribulations & persecutions de N. S. & ses Apostres; que s'il auoit esté mal traicté du monde, nous n'estions pas meilleurs que luy, & qu'ils se souuinssent que l'vne des beatitudes preschées sur la montagne par le grand Maistre de la perfection Chrestienne estoit celle-cy, Heureux sont ceux qui endurent persecution pour la Iustice, puisqu'à eux eschet le Royaume des Cieux: qu'au reste ils estoient tous en la protection du souuerain Seigneur du Ciel & de la terre, qui pouruoiroit en bref à leurs afflictiōs, & exauceroit la voix affectueuse du peuple qui auoit crié vengeance. Et certes la prophetie fut esprouuée en bref tres-veritable, car nostre Seigneur retira le Cardinal à soy la mesme année, lors qu'il estoit à Rome, peut-estre en intention de ruiner tout à fait la famille du sainct homme. Et bien que cette mort inopinée, deust faire ouurir les yeux au Roy de Naples, & Duc de Calabre, pour recognoistre leur iniustice : ce neantmoins elle ne fust qu'ainsi qu'vn peu d'huile ou d'eau que l'on iette dans vn grand feu, qui s'en allume & embraze dauantage. Car poursuiuant furieusement, la pointe de ses passions, il s'oublia bien tant que de vouloir entreprendre sur la vie & innocence du Pere S. François, & pour ces fins enuoya-il à Paterne vn Maistre de Galere auec cinquäte soldats, pour se saisir de sa personne, & l'amener mort ou vif, dans les prisons de Naples. Le bruit de ceste commission noya toute la ville de Paterne, & les lieux circõuoisins de dueil & de tristesse, que nonobstät la

Le Roy de Naples entreprend sur la personne du S.

puissance souueraine du Prince
choleré, l'on ne laissoit de tesmoigner par tout. Ses Religieux
furent aussi-tost aduertis, qui
la larme à l'œil, & le cœur ser-
ré d'apprehension, vinrent en
corps supplier leur bon Pere de
pouruoir à sa vie, & à celle des
siens, en se retirant doucement,
& que tout le peuple le desiroit, & mesme plusieurs personnages de marque & d'authorité, promettoient d'appaiser
le Roy, moyennant qu'il lais-
sast passer cet orage en se cachãt
ou absentant. Mais luy plein
de constance qu'il estoit, & de
confiance en la puissante protection du Dieu du Ciel, il n'y
voulut entendre : disant, *Si Dieu*
est pour nous, qui sera contre nous:
non non mes chers enfans, si c'est le
bon plaisir de nostre Seigneur ils me
prendront, sinon asseurez-vous

Constan-
ce du S.

*qu'homme qui viue ne me fera de
tort :* Sur ces paroles il s'en alla à
l'Eglise, & se mit en prieres deuant le grand autel, y espāchant
son ame deuant la face du
Tout-puissant; se iettant és bras
de sa protectiō paternelle. Voicy arriuer le Maistre de Galere
auec sa suitte, plein de rage &
de fureur pour attenter sur le
sainct homme, & le traicter indignement à plaisir & souhait
de son Seigneur le Roy de Naples : il va, il vient deçà & delà
dans l'Eglise, passe deuant le
grand Autel, & en cheminant
frise l'habit de l'hōme de Dieu,
qui estoit par vn effect miraculeux de la protection d'enhaut
inuisible aux yeux de ses soldats, qui auoient iuré & protesté de le rendre ignominieux au
peuple, par leurs calomnies,
outrages, & desesperez traicte-

mens, qu'ils se persuadoient
deuoir esteindre toute la lueur
de son estime, que l'on sçauoit
estre tres-grande : mais celuy
qui manie puissamment nos
cœurs, & les fleschit là où il
veut toucha le Capitaine & les
soldats d'vne si viue repentance
de leurs aueuglez proiects, que
changez de lions farouches en
doux agneaux, ils vindrent se
ietter aux pieds du Sainct en
toute humilité. Si tost que Dieu
leur eut ouuert les yeux de l'esprit, pour cognoistre le forfait,
qu'ils alloient commettre; quāt
& quant ceux du Corps, pour
apperceuoir & recognoistre celuy sur qui ils osoient bien attenter si scandaleusement; ils
demanderent pardon, s'excu-
sans sur ce qu'ils estoient suiets
d'vn Prince, aux volontez duquel il falloit obeïr : le Capitaine

pitaine promit de calmer l'esprit du Roy leur Maistre, pourueu qu'il voulut prendre la
peine de le venir trouuer, &
qu'il iroit au deuant s'il le trouuoit à propos, pour luy faire le
recit de la protection miraculeuse de Dieu, dont ils seroient
tesmoings oculaires. Le sainct
homme le remercia de sa bonne volonté, le suppliant seulement de faire ses excuses auprès
de sa Majesté, s'il ne l'alloit visiter, que sa presence aussi bien
luy seroit inutile, & peut-estre
importune, *Qu'au reste il aduisast*
d'appaiser le courroux du Souuerain
Monarque, qui seigneurie sur les
Sceptres & Couronnes des Roys de
la terre, qu'autrement il attireroit
les iustes chastimens & vengeances
du Ciel, non seulement sur ses ter-
res & biens, mais mesme sur sa per-
sonne, & que l'indignation de Dieu

Belle re-
mon-
strance
aux Prin
ces &
Monar-
ques.

Ses me-
naces
ont eu
leur ef-
fect.

G

pourroit estre si grande, s'il ne se
corrigeoit, que la Couronne luy seroit enleuée de dessus la teste, & le
Sceptre des mains. Ces propos
acheuez, il releua le Capitaine,
& puis l'ayant chargé de quelque chappelets & chandelles
benistes qu'il enuoyoit au Roy
& à la Reine, leur mandant par
sa bouche, qu'ils les gardassent
par deuotion, il le conuia & toute sa bande de prendre la collation, où se vit encor vn autre
miracle, car il les refectionna
tous cinquante de deux petits
pains, & d'vn pot de vin, & si les
pains & vin resterent tous entiers, apres qu'ils leurs eurent
esté distribuez, & qu'ils en eurent esté rassasiez. Le Capitaine
estant de retour auec sa compagnie de gensdarmes, fit le recit
de ce qui s'estoit passé par dispensation diuine, & fit present

des petites deuotions que luy
enuoyoit le Sainct , quant &
quant les instructions prophetiques , pour le bien de sa personne & salut de son ame. Il
conceut alors vne si grande opi-
niõ de sa saincteté, qu'il l'hono- Credit.
ra depuis autant & plus, qu'il ne du S.
l'auoit persecuté, si que quicon- enuers
que vouloit auoir quelque fa- le Roy,
ueur ou benefice de sa Majesté,
il ne falloit qu'entremettre la
recommendation , voire mesme
quelquefois le nom & le merite
du sainct homme. Toutesfois
ce Prince s'oublia à la parfin de
rechef, & ne faisant condigne Vengeã-
penitence , comme l'en auoit ce de
aduerty l'homme de Dieu ; il ne Dieu cõ-
peut euiter la menace qu'il luy tre le
auoit faicte par esprit propheti- Roy de
que, dautant que Dieu permit Naples.
que le Roy Charles huictiesme
du nom porta ses armes dans

l'Italie enuiron l'an 1487. & osta
la couronne de Naples à la maison d'Arragon, apprenant aux
Princes & Roys de la terre, cõ-
bien il fait dangereux de s'atta-
quer aux seruiteurs de Dieu, &
entreprendre sur l'Eglise, & specialement sur les Religieux, qui
en sont l'vne des parties plus sai-
ne & cherement protegée de
Dieu ; qui quoy qu'il differe
pour vn temps la vengeance des
trauerses qu'on leur donne, ne
laisse pas en fin d'en faire vne
sanglante & exemplaire puni-
tion.

Grands
remar-
quent
bien ce-
cy.

La saincteté du glorieux Pere S. François guarantit la Calabre & tout le Christianisme de grands malheurs.

CHAP. X.

CE qui est plus à considerer en cest exemple memorable, est que l'absence du Pere S. François, fut l'vne des causes du malheur du Roy Ferdinand & de ses successeurs: car tandis qu'il fut en Italie, il la protegea par ses merites, de plusieurs esclandres & malheurs, & entretint ce Prince en son deuoir: mais si tost qu'à l'instance du Roy Loys XI. il se fut acheminé en France, les orages des malheurs & bouleuersement de cest Estat, fondirent tout à coup, &

Profit de sainct Fraçois proche les Roys

G iij

le defolerent entierement. Auſſi
eſtoit-ce, ce que les diables ſouuentefois auoiét confeſſé, quãd
les Exorciſmes tiroient la verité
de leurs bouches menſongeres.

Ie me contenteray de le remarquer en vne ſeule hiſtoire, pour
inculquer dans les eſprits des
grands, l'eſtime qu'ils doiuent
faire des Sainćts, quand ils en
ont proche de leurs perſonnes
ou dans leurs Royaumes. Vn
iour l'on amena au ſainćt homme vne fille poſſedée, ſi toſt
qu'elle fut deuant luy, elle
commença à grincer les dents,
tirer la langue d'vn pied de lõg,
hurler eſpouuentablement, &
faire autres ſemblables ordinaires violences en la nature par
l'effort de Satan, qui maniant
les organes de la parole, faiſoit
dire à ceſte pauure creature telles & ſemblables iniures : Ce

En quo̅ l
le eſtime
les grãds
doiuent
auoir les
Sainćts.

barbu, ce rapiecé, ce mangeur
de racines nous empefche. Le
Sainct luy demanda, *Malheureux
en quoy eft-ce que l'on t'empefche?
Dy moy la verité au nom de Dieu
viuant.* Le diable luy dit qu'il y
auoit des legions d'efprits malins en vn bois voifin, qui auoiét
la permiffion & commiffion de
perdre & defoler toute l'Italie.
L'homme de Dieu repliqua, qui
empefche qu'ils ne l'executent?
Satan repartit. Tant que tu de-
meureras icy, il leur eft impoffible de rien faire, ton humilité
leur lie le poùuoir, & arrefte le
vouloir qu'ils ont d'allumer le
feu de la guerre ciuile & eftran-
gere par les quatre coings de
ce Royaume abandonné de
Dieu: ta fortie de ceft eftat, fera
fuiuie des attentes funeftes de
noftre poùuoir & vouloir. Le
fainct homme treffaillit d'vne

saincte horreur quant il l'entendit parler de ses loüanges, & luy interdit la parole, puis changeant de batterie, le gourmandant, il luy demanda pourquoy il s'estoit emparé de ceste creature? à quoy il dit qu'il ne l'auoit pas cherchée, & qu'elle auoit marché où il estoit, & que se defendant il s'estoit emparé de ce corps, où il se trouuoit si bien (disoit-il) qu'il n'estoit prest d'en sortir. Mais le Sainct l'en pressa sur l'heure en ces termes par charité, Tu laisseras ceste creature, Satan voulut capituler, où veux tu, ce demandoit-il, que ie m'en aille, En Enfer ce respondit l'homme de Dieu, qui est la prison que tu as demeritée par ta rebellion. Ce diable pourtant ne faisoit mine de vouloir sortir, ains il amusoit le monde auec des singeries & badineries:

donts'irritant le sainct homme,
il empoigna la possedée par les
cheueux, en disant d'vn accent
brauant & imperieux, tu en sor-
tiras tout presentement, & ie te
le commande; à ceste iussion il
se retira, & laissa la fille sans l'offencer aucunement. Nous auõs
rapporté en ce lieu ceste histoire, tant pource qu'elle se passa
deuant que le P.S.François par-
tit d'Italie, que pour autãt qu'il
appert par icelle combien l'absence d'vn si sainct homme, fut
preiudiciable à ce Prince, & au
contraire combien l'ombre seule de sa personné estoit vtile à
son estat. Ce que ie vay mon-
strer plus en particulier, au faict
du dechassemét miraculeux des
Turcs qui s'estoient ietté sur
mer vers la plage d'Ottrante, &
auoient surpris la ville. Il prophetisa ceste descharge & sur-

G v

prise, tant par les lettres qu'il redoubla au Roy de Naples, luy
recommandant de ne point tant
se mesler des affaires d'autruy,
& de bien deffendre ses fron-
tieres; comme aussi par ses discours familiers esquels il n'auoit
rien plus ordinaire que d'inti-
mider le peuple de telles des-
centes d'ennemis du nõ Chrestien, qu'il disoit deuoir arriuer
en bref s'ils n'alloient au deuant,
opposant leurs bonnes œuures,
à leur arriuée. C'estoit bien
là desia vn grand benefice du
Ciel que d'aduertir de semblables coups qui estoient si importans à toute la Chrestienté: mais
comme les œuures de Dieu sont
accomplies, il voulut departir
le reste de ses misericordes par
l'entremise du mesme Sainct,
pour destourner de si extremes
malheurs de son Eglise, que l'on

croyoit deuoir en bref estre ren-
uersee de fonds en comble : car
il s'enferma huiƌt iours dedans
sa celle sans parler à personne,
& prédre aucune refection dont
l'on se soit apperceu , appaisant
par ses prieres le iuste courroux
de Dieu, & esteignant de ses
larmes le feu embrazé d'vne
guerre si funeste, où si scandaleusement les ennemis de Dieu
deuoient triompher des Chrestiens, & se glorifier & enfler de
leurs despoüilles. En ceste affli-
ƌtion de son ame, qui compatis-
soit aux souffrances de l'espouse
de Dieu : il merita d'estre con-
forté de l'asseurance d'vn heureux succez des affaires des
Chrestiens, lesquels N.S. assista
si inopinemét & misericordieusement , qu'en fin par la mort
de l'impie Mahomet second, &
les armes Catholiques, les Turcs

L'ō doit
à sainƌt
Frãçois
la deli-
urance
d'Ot-
trante.

G vj

qui defefperoient de pouuoir
eftre fecourus, furent contraints
de rendre la ville, & s'enfuir
honteufement : non toutefois
fans s'en grandement repentir,
dautant qu'à peine auoient-ils
pris la pleine mer, qu'ils ren-
contrerét vingt-cinq mille Barbares, qui leur eftoient enuoyez
pour fe ietter fur l'Italie, & ra-
uager tout le païs Chreftien. La
gloire de cefte iffuë doit eftre
rapportée à Dieu feul, & en partie à l'innocence de S. François,
dont les merites & bonnes prieres armerent le Comte d'Aren-
nes, chef & Lieutenant general
de l'armée Catholique au fiege
d'Ottrante : car ce Capitaine
iugeant qu'en cefte guerre il
ne falloit aucunement fe repofer fur les forces d'vne armée,
mais fur la feule protection &
mifericorde d'en-haut, il vint à

Paterne visiter le sainct homme,
lequel l'encouragea à vne si haute & Chrestienne entreprise,
luy donnant & à vn gros de Ca-
ualerie qui estoit venu auec
luy, des chandelles benistes, leur
enchargeant de les porter sur
eux, & s'asseurer qu'outre l'heureux succez de leur siege, ils ne
seroient offencez en leur personne par leur moyen, pouruen
qu'ils esperassent en la misericorde de Dieu. Vn des soldats
qui estoient à la suitte, se moqua
de ces chandelles, & par mespris n'en voulut prendre, auquel
le Sainct dit, vous verrez mon
amy, côme il vous en prendra,
ô cas merueilleux, ceste Caua-
lerie se comporta fort genereu-
sement durant le siege, & com-
battit vaillamment sans qu'aucun fut blessé, fors ce presom-

ptueux & temeraire, qui y fut
tué malheureusement.

---

*Sortie de S. François d'Italie, son
sejour à la Cour du Roy de Naples,
& les choses memorables qui
s'y passerent.*

CHAPITRE XI.

LE bruit de ceste victoire
importante à toute la Chrestienté vint en France, & redoubla la grande estime qu'on
auoit de la saincteté du Pere S.
François: à raison pourquoy le
Roy Loys vnziesme le rechercha, esperât d'allonger les iours
de sa vie par sa presence; le S.
qui sçauoit ce que c'estoit de la
Cour des grands, refusa par plusieurs fois d'y aller, nonobstant
les honorables ambassades qui

luy estoient enuoyez de la part du Roy, lequel y employa l'authorité du Roy de Naples son Prince naturel : mais ceste consideration n'ayant rien peu sur l'esprit du sainct homme, interuint le commandement du Pape Sixte quatriesme, sous lequel il luy fallut plier : ioint aussi que N. S. y auoit long-temps, luy auoit reuelé, que telle estoit sa saincte volonté qu'il allast vn iour en France, dont il auoit aduerty ses Religieux, leur disant : Mes freres, vn iour sera auquel il nous faudra aller en vn païs, dont nous n'entendrons pas la langue : ses disciples luy respondirent, & qu'irons nous donc y faire, Mes enfans ce leur repartit-il, *Nous irons faire la volonté de Dieu, est-ce pas chose qui merite la peine.* Doncques le Roy Loys vnziesme sçachant que le

S. François viét en France par obediéce du S. Siege.

Il auoit prophetisé bien long-temps deuant só voyage en France.

Loys XI
enuoye
le Ma-
reſchal
Baudri-
court
pour
amener
S. Fran-
çois.

ſainct homme obeïroit au ſainct Siege, luy enuoya Monſieur de Baudricourt Mareſchal de Frã-ce, & Gouuerneur de Bourgon-gne auec vn train honorable, pour le faire venir & conduire iuſques en France. A l'arriuée de ce Seigneur, l'Italie eſtoit toute en dueil de ce qu'on luy rauiſſoit ſon bon-heur, & ſur tout, le regret ſe liſoit ſur la face & maintien de ſes Religieux, auſquels il recommanda l'eſprit de charité entr'eux, & l'obſer-uance eſtroicte de leurs Rei-

Le B. P.
Paul de
Paterne
Vicaire
general
d'Italie,
& pour-
quoy.

gles, leur donnant pour Vicaire general le B. P. Paul de Pater-ne, l'vn de ſes plus vertueux diſ-ciples, & qui mieux auoit pro-fité en l'eſprit de ſon Ordre, il ne prit auec ſoy qu'vn Reli-gieux, quelques-vns diſent plu-ſieurs. Et apres auoir pourueu au reſte des affaires de ſa Religion,

fe mit en chemin pour aller baifer les pieds de fa Sainéteté, en
intention auffi d'y procurer la
confirmatiõ de fon Ordre: mais
comme fon chemin l'addreffoit
& la raifon auffi eſtoit, il paſſa
par Naples, pour y prendre cõ-
gé de fon Prince le Roy de Naples, & luy donner aduis des
aduentures de fa Couronne,
duquel il fut receu comme vn
Legat du Pape. Car il fut luy-
mefme au deuant auec fes enfans, & toute fa Cour, & luy
fit faire entrée folemnelle dans
fa ville, luy ayant fait preparer
vn logement honorable dans
fon Palais, & à l'Ambaſſadeur
de France qui le conduifoit. Le
fainét homme fit ce qu'il peut
pour aller loger ailleurs en quelque Monaſtere: mais il ne peuſt
pas efconduire la confiderable
importunité de fon Prince qui

Rece-
ption du
Roy de
Naples
à fainét
Frãçois.

Le S. ne
fe plai-
foit aux
gran-
deurs.

le desiroit là, pour esprouuer
plus commodement sa saincteté, ce qu'il fit aussi : car durant
quelques iours qu'il fut là, attendant la commodité de l'em-
barquement, le Roy le vit vn
iour dans sa chambre (où il auoit
à dessein prattiqué vne petite
ouuerture pour espier toutes ses
actions) esleué de terre bien
trois coudées, tout rayonnant
de lumiere, en vne deuote &
affectueuse posture, qui estoit
l'vn des effects de sa continuelle oraison, mesme hors du Monastere. Il est pourtant bien
veritable que pour estre au milieu de ceste Cour desireuse
d'entendre les paroles devie qui
sortoient de sa bouche, pour
preuue de sa charité, il viuoit cõme dans vne profonde solitude : car il ne paroissoit en public qu'à l'extreme necessité, &

l'entrée de sa chambre estoit in-
terdite à qui que ce fut, qui
voulut traicter d'affaires. Vn
iour le Roy luy enuoya des poissons frits de sa table, le suppliant
qu'il ne refusast ce mets qui venoit de sa part, mais le Sainct
qui pour ses voyages ne relas-
cha point la rigueur de ses austeritez, au lieu d'en vouloir
vser fit le signe de la Croix dessus, & aussi-tost ils resuscite-
rent, & parurent comme s'ils
eussent esté fraischement tirez
de l'eau, le Maistre d'Hostel
reporta ce plat au Roy, auec ce
trophée de la saincteté du Pere
S. François sur la nature, dont
les loix auoient esté violétées en
ce prodige, luy portant la parole dont on l'auoit chargé de
sçauoir, que sa Majesté en fit
autant par charité aux pauures
prisonniers qui estoient en ses

Perseue-
rance de
l'auste-
rité de S.
Frãçois;
merite
vn mira-
cle.

Poissons
enuoyez
de la
bouche
du Roy
resusci-
tez.

prifons. Il feroit bien difficile de dire quel des deux emporta le prix dans l'efprit du Roy, ou l'admiration ou l'edification. Tant y a qu'apres cefte merueille veuë, il le fut trouuer pour luy parler d'vn Conuent de fon Ordre en fa ville de Naples : mais le Sainct (qui fçauoit bien combien ce Prince eftoit engagé en fes finances, & qui pour l'ordinaire ne vouloit fe feruir des liberalitez des grands, dautant qu'il difoit, que le plus fouuent c'eftoient le fang & la fubftance du pauure peuple) refufa tout à plat fes offres, luy difant auec la franchife mefme, *Qu'il feroit beaucoup mieux s'il payoit fes debtes, & foulageoit les pauures mefnages qu'il auoit ruinez, faute de payer les artifans & les marchans.* Le Roy (comme c'eft le naturel des grands

de ne pouuoir souffrir la verité)
s'offença de ceste reproche, faite d'vn accent assez seuere, mais
plein de l'esprit de Dieu , & luy
demanda s'il croyoit qu'il posse-
dast quelque chose de mauuai-
se foy, ou qui fut à autruy. Le S. Fermeté
luy repartit, que le bien d'autruy du S. à
estoient les excessifs imposts & parler
tributs dont il surchargeoit ses aux
sujets, ce qui estoit leur tirer le Roys.
sang des veines , & la vie du
corps, pour quoy faire ressentir
plus viuement, (encor que de- Piece
puis qu'il eust quitté la maison d'or sei-
de son pere, il n'eust manié de gne és
monnoye, ainsi qu'il le deffend mains
en sa Reigle aux freres du du S.
Chœur) il demanda au Roy pour
vne piece d'or de sa monnoye, faire co-
laquelle rompant en pieces, le gnoistre
sang en decoula gouttes à gout- au Roy
tes. Ce miracle estonna mer- que c'e-
ueilleusement ce Prince, lequel stoit le
sang du
peuple.

fur l'heure prit refolution de retrancher l'excez de fes leuées
fur fon peuple. Que s'il l'euft
toufiours fidelement mife en
effect, il ne fe fuft peut-eftre
veu en l'extreme mifere où la
iufte vengeance de Dieu, criée
& demandée par les iuftes op-
preffions du peuple, le reduifit
fur la fin de fes iours. Apprennent icy les Souuerains à ne ty-
rannifer leurs fuiets, apprennent
les Grands à payer leurs debtes,
& fçachent que retenir le loyer
au pauure vaffal & artifan, eft
efpancher vn fang, qui crie auffi
hautement deuant le tribunal
du fouuerain Monarque, Vengeance, Vengeance, comme
celuy d'Abel. La confufiõ s'em-
para de l'efprit de ce Prince fi
tres fort, qu'il refta fans parole.
Quelques Seigneurs de fa Cour
la prirent pour leur Maiftre, re-

pliquant au Sainct, que sa Majesté auoit bien encor moyen de
bastir vn pauure Côuent d'Hermites, tel qu'il luy falloit sans
le prendre sur autruy, qu'il faisoit tort à la noblesse & grâdeur
de sa Couronne, de les penser si
fort court de finances, & qu'il
ne deuoit refuser la liberalité
d'vn Prince si affectiôné enuers
luy & les siens côme il sçauoit.
L'homme de Dieu qui voyoit
ce Monarque touché au vif, (ce
qui estoit tant ce qu'il pretêdoit
en ceste sienne reprimende)
accorda bien d'accepter ses offres pour vn Conuent de son
Ordre, si que le different n'e-
stoit plus que pour la place, le
Roy qui desiroit que ceste maison fut placée en lieu propre,
pour rendre plus de fruict & de
seruice à son peuple, la luy vouloit donner au cœur de la ville,

& le sainct homme la demandoit dehors. En fin le Roy voulut luy mesme mener le Sainct
hors des murs pour luy donner
le choix des places & terres
qu'il trouueroit plus à son gré, il
en choisit vne fort à l'escart, dõt
le Roy s'estonnant fort luy dit,
Hé mon Pere, qui vous ira cher-
cher là si loing , & qui voudra
prendre la peine d'y aller entendre la saincte Messe, ou s'y con-
fesser? nous sommes en vn têps
ou la negligence des choses
eternelles est si grande, que si
nous n'auons les moyens de nostre salut à nostre porte , nous
les abandonnons tout à faict.
I'appelle vos Religieux en ceste
ville, pour aduancer le spirituel
de mon Royaume. Le bon Pere
plein de l'esprit Prophetique,
repliqua finalement, *Sire, c'est*
pour ceste consideration que ie
choisis

Prophe-
tie du S.

choisis ceste place , dautant que
ce quartier sera vn iour le plus
honorable & le plus habité de
toute la ville , & si fort peuplé
que mes pauures Religieux au-
ront assez de peine de se couurir des maisons & palais qui y
seront bastis. Or encores que
pour lors il n'y euft maison quelconque , depuis neantmoins les
Vicerois y ont basty des super-
bes palais , & les Seigneurs des
magnifiques hostels : si que ces
bastimens cõmandans de veuë,
dans les celles des Religieux : ils
sont contraints de se couurir de
ialousies , & cages qu'ils mettent aux fenestres , suiuant la
prophetie de leur sainct Patriarche. Le temps eftãt propre pour
faire voile de Naples à Rome,
l'Ambassadeur en aduertit le
sainct homme, qui prit congé
de son Prince apres luy auoir

H

predit par le menu ſes meſad-
uentures & infortunes.

Arriuée du Sainct à Rome &
en France.

CHAPITRE XII.

Accueil
du S à
Rome.
LE Pere S. François eſtant
arriué à Rome, le peuple
courut au deuant, & partie de
la Nobleſſe: voire meſme quelques Cardinaux, leſquels auec
le Mareſchal de Baudricourt le
conduiſirent vers ſa Saincteté,
aux pieds de laquelle s'eſtant
ietté auec vne humilité autant
profonde, que la tendreur de
ſon ame fut grande, ſur la repre-
ſentation d'vne ſi ſouueraine &
diuine authorité, qu'eſt celle des
Vicaires de I. C. N. S. en terre, &
des legitimes ſucceſſeurs de S.

Pierre. Le Pape le fit à toute
force releuer, & asseoir à son
costé sur vn siege honorable, qui
auoit esté mis là aux nouuelles
de son arriuée. Il eust trois au-
diences, lesquelles ne durerent
pas moins de trois heures, que
si le Sainct eust esté plus liberal
de ses oracles & discours pleins
de l'esprit de Dieu, elles eussent
esté dautãt de durée que le iour
en auoit. Sa Saincteté admirant
les graces extraordinaires, qui
releuoient ceste ame abysmée
dans le neant de son humilité,
& voyant bien les lumieres sur-
naturelles dont elle estoit sur-
passante la cognoissance plus
exacte des Theologiens, voulut
le faire Prestre, ce qu'il ne voulut, s'excusant sur son incapacité, nonobstant qu'on luy repre-
sentast qu'il seroit plus sçãt à vn
Instituteur d'Ordre, de pouuoir

gouuerner les consciences des
siens par soy-mesme , que non
pas par autruy , & que d'ailleurs
le S. Sacrifice de la Messe estoit
si auguste , qu'il meritoit bien
que l'on quittast vn peu de son
propre sens, pour s'en rapporter
au iugement d'autruy de sa propre suffisance ; que cest excez
d'humilité priueroit d'vn singu-
lier benefice l'Eglise de Dieu.
Mais plus il s'en esloignoit, alleguant qu'il n'estoit pas Instituteur d'Ordre, mais seulement le
seruiteur d'vne petite trouppe
de Religieux , & que si le S. Sacrifice de la Messe estoit vn
grãd benefice, aussi estoit-ce vne
redoutable damnation pour les
Prestres indignes; du nombre
desquels il ne pouuoit qu'il ne
fust. On luy parla des Ordres
mineurs : mais il s'en excusa encor, dautant ce disoit-il qu'il se-

roit obligé d'approcher des choses sainctes, luy qui estoit pro-
phane., & s'employer à des mi-
nisteres proche les Prestres, dõt
la dignité luy estoit si releuée en
leurs fonctiõs sacerdotales, qu'il
ne meritoit pas seulement de
baiser les lieux qu'ils fouloient
de leurs pieds, ny de se tenir
mesme sous leur ombre quand
ils sont proche les Autels redoutables. Tout ce que l'on
peust entreprendre sur son humilité, fust de luy faire accepter
la puissance de benir des chappelets, chandelles, images, pains,
& autres choses semblables,
qu'il departissoit aux fideles,
pour reueiller, entretenir, ou ac-
croistre leur deuotion. En fin le
sainct homme presenta le contenu de sa Reigle, laquelle il
supplia sa Saincteté de daigner
confirmer, mais quelques-vns

H iij

qui eſtoient là en la cõpagnie, ne furent d'aduis qu'on paſſa ſi aiſement en ceſte affaire , qu'ils diſoient eſtre de poids & d'importance , (comme de fait elle eſtoit) mais dautãt qu'elle auoit eſté examinée ſuffiſamment, il n'eſtoit autrement beſoin d'empeſcher ou retarder vne choſe ſi ſainctement eſtablie , & par vn ſi ſainct perſonnage ; le Pere S. François ne ſentit aucunement ce refus, car il ſçauoit conformer tous ſes ſentimens pleinement à la Chaire de S. Pierre ; ains ſeulement éclairé de l'eſprit prophetique, il prit par la main le Cardinal de Rouuere, qui eſtoit nepueu du Pape, en diſant, *Pater Sancte*, ceſtui-cy accomplira mon deſir, voulant par là dire qu'il ſeroit Pape, & qu'il confirmeroit ſa Reigle, ce qu'il fit : car il ſucceda à Pie III.

en l'an 1503. & fut appellé Iules
II. quatre ans seulement deuant
la mort du S. Patriarche, dont
il confirma la derniere & principale Reigle, qui est aujour-
d'huy en vigueur, & dont il gratifia l'Ordre auec plusieurs
beaux priuileges, le mettant au
nombre des Mendians, des priuileges desquels il luy donna
cõmunication. Tandis qu'il fut
à Rome, sõ logis estoit vne Cour
où abordoient les Cardinaux,
les Seigneurs, les Dames, bref La pom-
où tout Rome se trouuoit: il fust pe auec
suiuy à sa sortie d'vn nombre in- laquelle
nombrable de peuple, fort loin le Sainct
hors des portes, auec la deuo- fort de
tion telle que nous descrirons Rome.
au reste de son voyage, & à son
arriuée en France. Pour y aller
il s'embarqua au port d'O-
stie, où estant arriué, la mer
estoit fort basse, qui fut cause

que les Nautonniers dirent au
sieur de Baudricourt, qu'il falloit attédre que la mer fust plus
haute. Mais le Sainct, qui estoit
pressé de partir, dit aux Mariniers, Mes amis, sondez vn peu
dans le port, & ie m'asseure qu'il
y aura assez d'eau. Ils firent ce
qui leur auoit esté dit, & trouuerent la mer accreuë miraculeusement de six pieds en haut.
Ils esprouuerent encor le domaine qu'auoit le Sainct sur les
eaux quand ils furent au Gol-
phe de Lyhon, où ils furent as-
saillis d'vn gros & furieux orage, en sorte qu'ils furent contraints d'y moüiller l'ancre, &
se mettre à l'abry. Cependant
voicy des Corsaires qui des-
couurirent ce butin, sur lequel
ils coururent à voiles pleines,
l'on s'apperceust de ce danger
ineuitable; car ou il falloit s'ex-

La mer
creuë
pour
faire de-
marer le
vaisseau
où de-
uoirmõ-
ter S.
Frãçois.

Dãgers
sur mer
éuitez
par mi-
racles.

poser à la mercy des orages, ou
tomber entre les mains de ces
Pirates, qui venoient fondre
sur eux: la frayeur saisit tous ceux
de ce Nauire, mais le S. homme
les en releua bié-tost, leur commandant de ne rien craindre, &
de singler en haute mer par charité. A peine se furent-ils mis
en deuoir d'obeïr, que l'orage
cessa, & le vent leur fust fauo-
rable pour esquiuer la rage de
ces escumeurs de mer. Sous la
mesme protection ils arriuerent
heureusemét à Bormes ville de
Prouence, dont l'entrée de prime abord leur fust refusée, à
cause du bruit de peste. Ce que
le Mareschal de Baudricourt
n'eust pas credit de faire, la parole du S. homme le fit, car leur
ayant dit, Permettez nous d'entrer, Dieu est auec nous, ils ou-
urirent leurs portes, & ensem-

H v

blement espreuuerent la verité de ceste parole. Dieu est auec nous, car il fut par toutes les maisons pestiferées qui estoient en grand nombre, & guarit tout autant qu'il y auoit de malades sans exception de pas vn. Grand & signalé miracle fait à l'entrée de la France; ils sont restez fort deuots à S. François en ceste ville, & ont basty les premiers vne Eglise en son nom. Sa memoire y est si fort reclamée, que les villes circonuoisines quand elles sont affligées de contagion, y viennent faire en procession vn tour aux enuirons des murs de ceste ville, & en rapportent pour l'ordinaire l'effect de leurs attentes. Il en fit tout autant à Frejus, où y auoit encores plus grande quantité de pestiferez qu'il guarit tous, faisant rappeller tous ceux qui s'e-

Le S. arriuant à Bormes guarit tous les pestiferez qui estoient en grand nombre.

Deuotion enuers S. François de Paule pour la peste.

Semblable guarison generale à Frejus.

ſtoient retirez , leur donnant
aſſeurance qu'il n'y auoit aucun
danger, en recognoiſſance d'vn
ſi ſignalé bien·fait,l'on luy donna vn beau Conuent qu'il accepta : Par toutes les villes qu'il
trauerſa, il faiſoit des miracles
en toutes occurrences & rencontres ; ſi que tant par l'ordonnance du Roy, que par dé-
uotion , le Clergé & les villes
alloient au deuant de luy , comme l'on fait aux Legats du Pape.
Il eſtoit conduit & ſuiuy ſur les
chemins , par les trouppes &
bandes de peuple à centaines &
milliaces : quand il eſtoit arriué,
c'eſtoit à qui auroit de ſes reliques, à qui coupperoit de ſon
habit ou de ſes cheueux. L'on
butinoit auſſi-toſt le linge dont
il s'eſtoit ſeruy à table,le foin,ou
la paille ſur laquelle il s'eſtoit
repoſé:de là vient que l'on a tant

H vj

de reliques de sainct François de Paule par la France, tant de bonnets, tant de ses cordons. N. S. aggreoit ceste deuotion enuers ses reliques par des miracles, ainsi qu'il s'est veu d'vn certain personnage, qui ayant veu vn peu de foin, que sa femme gardoit fort cherement & religieusement, s'en voulut mocquer, l'appellant sotte & superstitieuse, & le iettant par mespris: mais le bras & la main demeurerent miraculeusement roidis en la mesme posture, qu'il l'auoit voulu prophaner, iusques à têps que l'on eust couru au sainct homme, & qu'il luy eust eu pardonné sa temerité. Voire mesme il portoit bon-heur aux maisons où il logeoit, ce que sentans les personnes à qui elles appartenoient, iamais ne les ont voulu vendre, pour quelque

prix qu'on leur en aye offert.
Pource que de pere en fils ils
ont appris, que depuis qu'il y a
paſſé, tout bon heur & proſperité a accompagné ceux qui y
ont fait demeure. Ce fuſt l'vne
des raiſons, pour leſquelles le
ſieur Ambaſſadeur Mareſchal
de Baudricourt, le voulut mener en l'vne de ſes terres en
Baſſigny, au Chaſteau de Blaiſe,
pour y attirer la benediction
qu'il prodiguoit par tout où il
paſſoit, & pour luy preſenter vn
Monaſtere qu'il accepta, &
s'appelle le Conuent de Bra-
caucourt, qui par conſequent
eſt l'vn des plus anciens de la
France.

Reception du Pere S. François par le Roy Loys XI.

CHAP. XIII.

EN fin il arriua à Tours où le Roy Loys auec toute sa Cour, fust au deuant iusques à my-chemin du Plessis lez Tours, où il luy fit bastir premierement vn petit logement de brique, qui s'y voit encor proche vne Chappelle qui est dans la grande Cour du Chasteau; ce qui fust faict à l'instance du sainct homme, qui ne se pouuoit plaire dans les grandes & magnifiques chambres de ce bastiment Royal. Or tost apres son arriuée, ce Prince(qui crainte qu'il auoit de mourir, fit aussi autrefois apporter en sa chambre la

saincte Ampoulle de Rheims,
les verges de Moyse & Aaron,
& le bois de la vraye Croix qui
estoient en la saincte Chappelle de Paris, & qui auoit faict de
grandes aumosnes par tous les
lieux de deuotion pour inciter
tout son Royaume à prier N. S.
pour luy, pensant par ce moyen
estendre les termes prefix de sa
vie) se ietta à genoux deuant le
Pere S. François, qu'il auoit fait
venir à ceste intention, le suppliant d'impetrer du Ciel l'allon-
gement de ses iours; le S. homme qui sçauoit dés qu'il estoit
encor en Calabre, que sa vie
estoit bornée de la part de celuy
aux decrets inuariables duquel
l'on ne peut resister, d'ailleurs
cognoissant le naturel de ce
Prince farouche, ne luy voulut
sur l'heure respondre ce qui
estoit de la volonté de Dieu,

mais s'efforça premierement de
le difpofer par fes ieufnes , prieres, larmes , & difciplines qu'il
offroit iournalierement pour la
confcience inquietée du Roy ,
apres quoy quelques exhorta-
tions qu'il luy fit, de la refigna-
tion à la volonté de Dieu, il luy
porta conftamment la parole de
verité. Sire, (ce luy dit-il) N. S.
a borné le temps de voftre vie,
& veut vous retirer en bref par-
deuers luy , c'eft vn Arreft irre-
uocable : parquoy il refte que
vous difpofiez voftre confcience
pour paroiftre deuant le tribunal de fa Iuftice, & y refpondre
de l'adminiftration de voftre
Royaume : & le meilleur aduis
que vous fçauriez receuoir, eft
de preuenir fa face iufticiere,
d'œuures de mifericorde & cõ-
digne penitence, pour rachepter
vos offences paffées.   Il fallut

certes vne genereuse resolution
en sainct François pour porter
ceste parole, qui fascha extre-
mement ce Roy, à qui tous les
flatteurs qui estoient en sa Cour,
promettoient de longues &
heureuses années, & entr'autres
vn Medecin qui pouuoit beaucoup pres de sa Majesté.

Ce personnage se sentit autant offencé, voire plus que le
Roy de ceste responce si hardie
du Sainct, qui dementoit son
art pretendu, & ses vaines promesses : & comme il auoit de
l'ascendant sur l'esprit du Roy,
il y ietta des seméces de deffian-
ce & mescreance de la saincteté
du Pere S. François ; detran-
chant sa reputation en toutes as-
semblées, à ce que personne
n'en osast bien parler deuant le
Roy. En consequence de ces
mauuaises impressiõs, qui auoiẽt

Mede-
cin en-
uieux de
la sain-
cteté de
S. Fran-
çois, le
trauerse.

dautant plus de prise dans ce cerueau, qu'il estoit de son natu-rel soupçonneux, voulut par plusieurs fois esprouuer la sain-cteté de cet Hermite qu'il auoit en son Chasteau. Car à l'insti-gation de ce sien Medecin, qui luy souffloit aux oreilles, que souuent il y auoit plus d'appa-rence & de surface de saincteté, que non pas d'effect & de solidi-té, & qui ne demandoit rien plus que quelque aduantage sur l'innocence de l'hôme de Dieu, sçachant que la gourmandise estoit vne surprise trop grossiere pour les beaux esprits qui sont ambitieux de reputation; le fit tenter d'auarice, le Roy luy en-uoya vn buffet d'argent doré, auec ses vaisselles & autres meu-bles d'argent, qui estoit vn de ses plus riches meubles, le suppliant de s'en vouloir seruir pour l'a-

Le Roy Loys XI enuoye vnbuffet d'argent au S. pour es-prouuer le sainct, il le re-fuse.

mour de luy. Mais le Sainct, qui
estoit entierement zelateur de
la saincte pauureté Euangelique, en remercia sa Majesté, disant que sa condition estoit de
se seruir d'escuelles de bois ou de
terre, quand il en auroit besoin.
Le Medecin qui souffloit tousjours aux oreilles du Roy, dit,
Sire, ceste espreuue là est trop
lourde pour vn hôme d'esprit, il
a bié veu que l'on se vouloit mo-
quer de luy , & ce luy eust esté
chose manifestement reprochable, d'accepter l'vsage d'vn meu-
ble qui est contre sa profession ,
mais ie m'asseure que si c'est
quelque riche present où il y ait
couleur de pieté qu'il le receura
à deux mains. Le Roy dit, ouy
vrayment, i'ay vne riche Nostre
Dame, ie m'en vay luy enuoyer,
ce ioyau valloit dix-sept mille
escus : car il estoit d'or massif,

Seconde
espreuue
de sainct
Frãçois
par le
Roy
Loys XI
qui luy
enuoye
vne N.
Dame
d'argent
vallant
17000.
escus.

& tout releué de riches pierre-
ries:il luy enuoya donc ce Reli-
quaire par l'vn de ses Aumosniers mieux disant, pour luy
persuader de la prendre en consideration du Roy, qui desiroit
que son peuple creust qu'il faisoit estime de luy, ce qu'il ne
pouuoit cognoistre : dautant
qu'il estoit pauurement logé &
accommodé, & qu'aussi bien ce
n'estoit pour son vsage particulier, mais pour l'ornement de
l'Eglise du premier Conuent
qu'il luy bastiroit.Mais le Sainct
la refusa, disant que sa deuotion
n'estoit portée ny à or ny à argent, ains seulement à la tressa-
crée Vierge Marie, Roine du
Ciel & de la terre,& qu'il auoit
vne Image de papier qui luy re-
presentoit sa figure aussi bien
que celle-là. Le Roy ne se contenta pas de ce premier refus,

Le S. la
refuse
plusieurs
fois.

ains la renuoya par plusieurs
fois, à toutes lesquelles le Sainct
en fit vn entier refus. En fin le
Roy croyant que la presence de
sa personne pourroit emporter
sur l'esprit de l'homme de Dieu,
ce que n'auoit peu la bien-di-
sance de ses Aumosniers, il s'en
vint en secret auec vn sac de pi-
stoles sous son sayon qu'il luy
presenta, le suppliant au nom
de Dieu de l'accepter pour la
fondation d'vn Conuent de son
Ordre à Rome, que personne
n'en sçauroit rien. Le Sainct dit
au Roy auec la liberté mesme
de parler, *Sire, il vous seroit*
plus seant de les rendre sur la fin
de vos iours, à ceux de qui vous
les tenez iniquement, & char-
ger moins vos pauures sujects,
que non pas faire des aumosnes
& liberalitez, des biens qui ne
vous appartiennent de droict,

Telles œuures ne font pas de pieté,
mais d'impieté & d'iniquité, Dieu
& fes Saincts ne les demandent de
vous. Le fainct homme parloit
autant veritablement que har-
diment : car nagueres le Roy
auoit faict de grandes diftribu-
tions par tout fon Royaume,
(comme nous auons dit) & auoit
entr'autres largeffes (que l'on
croyoit en partie eftre proue-
nuës des grandes exactions, fait
de riches prefens à S. Iean d'An-
gely, & au Corps de S. Claude, à
Noftre Dame de la Victoire proche Senlis, & à S. Martin de
Tours, où il donna en lieu de
treilles de fer, des balluftres
d'argent maffif, qui ferroient la
Chaffe du glorieux S. Martin,
lefquels pefoient fix mil fept
cens feptante marcs deux onces
& vn gros. Toutes lefquelles ri-
cheffesont efté depuispilléespar

les Proteſtás ſacrileges, qui fou-
ragerent tous les lieux ſainﬅs de
la Fráce. Le Roy ne ſe contétapas
encor de ce dernier refus, mais
il luy enuoya finalemét vn mets
de poiſſon qui auoit eﬅé ſeruy
ſur ſa table : le ſainﬅ homme les
renuoya au Roy, qui admirant
ſon courage inuincible, dit tout
haut à ſes Courtiſans, qu'il n'a-
uoit iamais veu homme qui ayát
moyen de ſe bien faire, ſe fiﬅ du
pis qu'il pouuoit, ieuſnaﬅ ſans
ceſſe pouuant faire bonne chere, ſe tint extrememét pauure
pouuant eﬅre richement accommodé, ſe pleuﬅ d'eﬅre bas
& abieﬅ, ayát de ſi beaux moyés
de ſe faire eﬅimer & valoir. Peu
de temps apres, noﬅre Seigneur
permit que S. François tom-
baﬅ en extaſe dans le parc du
Pleſſis, en la feruueur & violençe
de laquelle, il fuﬅ apperceu

Dernie-
re eſ-
preuue.

S. François éleué en l'air.

éleué en l'air à la hauteur d'vne lance tout rayonnant de lumiere. Ceste merueille fut premieremét defcouuerte par Madame Anne de France, Dame de Bourbon, & beaucoup de Nobleffe qui eftoit auec elle : Surquoy on appella le Roy Louys XI. qui contenta fa veuë d'vne fi eftrange vifion, laquelle feruit beaucoup, pour (auec les efpreuues qu'il auoit faites de l'innocéce du Sainct, luy approfondir bien auant dans fon efprit (qui eftoit de fon naturel deffiant) la creance en fes merites : En fuitte de tout cecy, le Sainct euft vn grand afcendant fur la confcience du Roy, pour le porter à refipifcéce, & à vraye penitence.   Auffi a on veu

Le Roy fe difcipline.

qu'au fortir des fecrettes entreueuës & entretiens fpirituels du Sainct, il s'eftoit baigné de larmes,

mes , & qu'il auoit si grand
pouuoir sur luy, qu'il luy faisoit
prendre la discipline en sa presence , en cet aage caduc de soi-
xante ans & plus. Par ce moyen
changea-il tout à coup d'humeur, si que ceux qui estoient à
sa Cour s'estonnoient de le voir
si traictable, doux, & accostable
outre son ordinaire. Et certes
ce ne fust pas vn petit heur à ce
Prince d'auoir esté acheminé à
vne bonne & heureuse mort,
apres vne vie si pleine de des-
fiance & tromperie. Ie n'ob-
mettray pas icy de remarquer la
grande creance qu'il auoit au
iugement & bon conseil de nostre Pere S. François, en ce qui
concernoit mesmes la manutention de son Estat. Ce qui le
fist transporter peu de temps deuant son trespas dans le Chasteau d'Amboise, où auoit esté

*Le Roy
Loys XI
chãge de
mœurs.*

I

nourry & reclus le Dauphin
Charles son fils, qui estoit desia
aagé de treize ans, auec telle
rigueur qu'il ne l'auoit point
veu depuis sa naissance. Ce fut
pour luy faire de belles remonstrances, & luy recommander
de suiure l'aduis du Seigneur de
Bourbon, & sur tout ne man-
quer de prendre le conseil du
sainct homme, auquel il le recommanda encores plus affectionnement à l'article de la
mort en son Chasteau du Plessis lez Tours, laquelle fut vn
iour S. Fiacre, qui estoit l'vn
des Saincts ausquels il auoit deuotion. Ie n'ay encores parlé de
la fondation du premier Conuent erigé en France par nostre Pere S. François, proche le
Chasteau du Plessis lez Tours,
par le Roy Loys XI. Dautant
que de son regne il ne fut gue-

res aduancé, ny aussi comme
vn des neueus du S. homme
vint en France, que le Roy voulut auoir à son seruice. Ce personnage estoit propre nepueu
de sainct François, & fils de sa
sœur vnique Brigitte, mariée à
l'vn de la maison des Allessio,
(qui depuis en France s'est appellée d'Allesso,) & a esté sa famille bien voulüe & affection-
née par les Roys Charles VIII.
Louys XII. & François I. Le
sainct homme gratifia son nepueu André d'Allesso, d'vn miracle au sujet d'vn sien fils nommé François d'Allesso, qui estoit
venu au monde les pieds & les
mains torses qu'il luy redressa
par miracles. Cet enfant depuis
fut Religieux de son Ordre, &
y vescut sainctement en recognoissance du miracle.

Nepueu de sainct Frãçois guary par miracle.

I iij

*Quels grands biens & seruices re-
ceut Charles huicliesme de S.
François pour la manuten-
tion de son Estat.*

CHAPITRE XIV.

APres la mort du Roy Loys XI. Charles VIII. son fils prit le sceptre à l'aage de treize ans, aage bas, mais assisté des sainctes instructions de l'hôme de Dieu. Car ce fut luy qui negotia & prattiqua l'alliance de ce ieune Roy auec Anne de Bretagne, laquelle esteignit le feu des anciennes querelles, & accreust le Royaume d'vne belle & grande Prouince. Ceste alliance fut vne marque du grand iugement de S. François, pour lequel il estoit souuent consulté

Aage bas de Charles VIII assisté de S. François.

Alliance de Bretagne.

ſur les affaires d'Eſtat: quoy qu'il
s'en eſloignaſt & retiraſt tant
qu'il pouuoit. Vne choſe luy
donna grand credit à traicter
cet accord : ſçauoir la croyance
que l'on auoit que ſes bonnes
prieres auoient grandement ſeruy au Roy, pour la iournée S.
Aubin, en laquelle contre toutes eſperáces il ſortit victorieux
& triomphant des armées enne-
mies. Car durant ceſte entrepriſe des François ſur les Bre-
tons, il fut vingt iours entiers reclus dans ſa celle ſans parler à
perſonne, ne meſmes manger
ſinon deux petits pains. Pendant
ce temps il prioit inſtamment
pour la proſperité du Roy, re-
querant noſtre Seigneur, que
ſa ſaincte volonté fut faicte. Et
qu'il luy pleuſt donner la victoire au Roy. Il faut auſſi attribuer
aux bonnes prieres du Sainct

Ieuſne
de 25.
iours
pour la
Iournée
S. Au-
bin.

les heureuſes conqueſtes du Roy Charles huictieſme dans l'Italie, où il porta ſi valeureuſement ſes armes, que le Turc meſme en eſtoit aux apprehenſions. Et qui plus 'eſt ſans coup ferir il ſe rendit maiſtre de tous les païs, auſquels il auoit droit à raiſon de la donation qu'en auoit fait au Roy Loys ſon pere, le Duc René qui auoit eſté declaré heritier par la Roine Ieanne, apres la mort de Loys ſon frere: Toute la peine qu'euſt le Roy en ceſte conqueſte fuſt au retour, car ayant laiſſé ſes forces à Naples, il s'en reuenoit auec vne petite armée, lors que les Potentats d'Italie (qui s'eſtoient liguez enſemble) pour luy clorre le paſſage, vinrent ſe rendre pres de Fournouë auec vne grande & puiſſante armée. Le ſainct homme encor qu'il

Iournée de Four-nouë gaignée.

fuſt à Tours, ne laiſſoit pas d'e-
ſtre en eſprit où eſtoit ſa Maie-
ſté, & ayãt eu reuelation de l'extreme dãger, auquel le Roy eſtoit
reduit, appella ſes Religieux &
leur dit ceſte rencontre, leur recommandant de ſe mettre tous
en prieres, à ce qu'il pleuſt à N.
S. conſeruer la perſonne du
Roy. Lequel au fort du combat
bien qu'il n'euſt autre auant-
garde, que le ſeul Caualier qui
portoit ſa Cornette, & qu'il ne
fut accompagné que d'vne poi-
gnée de gens, combatit ſi vaillamment qu'il ſe fit paſſage en
deſpit des armées liguées, qui
le luy vouloient empeſcher ; les
Hiſtoriens meſmement remarquent que Dieu fauoriſa grandement l'armée du Roy Charles, car tandis que la bataille
dura, il ne ceſſa de greſler, ton-
ner, & pleuuoir, en ſorte qu'au

Et le
Roy
Charles
conſer-
ué.

I iiij

ruisseau où les ennemis auoient
passé à gué, plusieurs d'entr'eux
se noyerent en s'enfuiant, ce qui
sembleroit incroyable à ceux
qui ne penseront pas qu'il y a vn
Seigneur qui dispense les victoires à qui bon luy semble, à l'instance de ses fauoris & cheris
seruiteurs, du nombre desquels
estoit S. François de Paule. Le
Roy Charles à son retour se vint
rendre au Chasteau d'Amboise, pensant y trouuer vn magnifique Conuent tel qu'il auoit
donné charge de bastir à son
depart, pour le S. & ses Religieux : Mais le Thresorier à qui
il auoit laissé les deniers pour
frayer à la despence, se figurant
que sa Majesté seroit plus long-
temps en ceste guerre estrange-
re, surpris qu'il fut, se contenta
de le bastir mediocre, tel qu'il se
voit aujourd'huy. Or ce Con-

uent fut basty par le Roy Charles en memoire de ce qu'en cet
endroit, luy qui estoit gardé au
Chasteau d'Amboise, fut au
deuant du sainct homme, par le
commandement de son pere
Louys vnziesme. Ie n'aurois iamais fait, si ie remarquois par le
menu, en combien d'occasions
& de rencontres, le Pere S.
François prophetisa les aduentures de ce Prince, il luy dit vn
iour le nombre des enfans qu'il
deuoit auoir de sa vertueuse
espouse Anne de Bretagne. Mais
quand & quand il le menaça
des iugemens de Dieu, s'il s'a-
bandonnoit plus à ses passions
ordinaires, & luy prophetisa que
nostre Seigneur couperoit & les
branches & la racine. C'est à dire abbregeroit le cours de sa vie,
& luy retireroit ses enfans. Ce
qui ne fust veu que trop verita-

I v

Pour-
quoy
basty.

Prophe-
ties de S.
Fraçois
au Roy
Charles
VIII.

ble par sa mort inopinée & su-
bite en son Chasteau d'Amboise, ainsi que rapportent les Historiens.

Fondation du Conuent du Plessis,
& les miracles qui s'y firent.

CHAP. XV.

DVrant ce temps s'esleuoit
le bastiment du Conuent
de *Iesus Maria* au Plessis lez
Tours, auquel le Pere S. François faisoit quantité de miracles, tels que furent la plus part
de ceux que nous auons de-
peints aux fondations de Paule,
& Paterne : Ce fut là où l'on vit
vn traict de son innocence, en
ce que lors que l'on essartoit la
place pour faire les fondations
de ce Conuent, l'on trouua si

grande quantité de serpens &
couleuures, que ses Religieux
n'osoient y trauailler. Mais le S.
leur dist qu'ils ne se missent en
peine de tuer ces pauures animaux, que Dieu leur auoit donné ceste iournée pour se reposer, & que le lendemain ils
quitteroient la place: la nuict
venuë, il se transporta en ce
lieu, & prit toutes ses couleuures en ses mains les vnes apres
les autres iusques à s'en charger les deux bras, & les porta
bien loin de là sans nuisance
quelconque, Aussi dit-il vn iour
à vn sien Religieux qui auoit
esté mordu d'vne vipere, & qui
luy demanda guarison. *Mon fils*
ne sçauez vous pas que nous
auons le priuilege de n'estre of-
fencez des serpens & bestes ve-
nimeuses, suiuant la promesse
faicte par nostre Seigneur, à

Couleu-
ures &
serpens
trans-
portez.

Priuile-
ge des
premiers
Chre-
stiens és
disciples
du S.

I vj

ceux qui ont la foy viuement en-
tée dans l'ame. Ce fust par la
mesme foy, qu'ayant esté trouué vn essain de mouches dans
vn tas de pierre, qui mirent en
fuitte tous ses Religieux, que
ceste cohorte irritée poursuiuoit
viuement ; il leur commanda
par charité, de s'arrester & se
poser au premier lieu, d'où il les
prist les vnes apres les autres.
Et de là les transporta au milieu
d'vn bois en vn arbre creux, où
depuis elles firent leur miel. Les
guarisons miraculeuses estoient
si frequentes que l'on y venoit
de toutes les contrées de la
France, & peu s'en retournoient
sans receuoir l'octroy de leurs
demandes ; force paralitiques,
ethiques, escroüellez, mãchots,
boiteux, navrez, & maleficiez
au corps & en l'esprit y furent
guaris par ses prieres. Mais il

vouloit qu'on se presentast à
luy sans luy rendre beaucoup
d'honneur. Car vn iour vne
femme de Tours, qui estoit ex-
tremement trauaillée des fieb-
ures, pensant faire chose agreable à nostre Seigneur, d'hono-
rer la saincteté qu'elle voyoit en
ce Patriarche, s'escria hautement, sainct homme guerissez
moy. Le Pere S. François s'en-
fuit à ceste parole, ne pouuant
souffrir qu'on le loüast, ses Religieux furent apres luy, pour le
faire entendre à la guarison de
ceste femme, qui leur auoit
esté recommandée, ausquels il
dit, *Et qui est sainct que Dieu,*
qu'elle l'inuoque, & il l'aidera.
Il rentra toutesfois par importunité de ses Religieux, & apres
l'auoir fort tancée de ce qu'elle
l'auoit appellé sainct, pour couurir le miracle, il luy commanda

Humili-
té du S.

Fuyant
l'ambi-
tion.

de boire vn verre de vin quand
la fiebure la prendroit, & dés
l'heure elle fut guarie. Mais plus
remarquables furét les miracles
qu'il fit au sujet de ses Religieux, que Satan persecutoit
furieusement & specialement
durant leur Nouitiat. Entre lesquels deux furent possedez par
cét ennemy de nature & de
grace, l'vn estoit de Tours & de
bon lieu, lequel se disposant à
faire vne confession generale fut
recogneu possedé : car le soir
auparauant de la faire, il fust veu
à la collation pleurer à chaudes
larmes (ce que le Superieur im-
putoit à deuotió.) Et le signe fait
pour se leuer de table, sortir du
Reffectoir sans dire le *Miserere*,
suiuant la coustume, auec les
autres freres : dequoy le Maistre
du Nouitiat s'estonnant, le suiuit comme vn bon Pere, qui a

soing de son enfant en son affliction. Il le trouua sur sa couche
la face renuersée, la bouche ouuerte iusques aux oreilles , les
yeux estincelláts comme chandelles qui luy sortoient hors de
la teste auec vne vapeur si chau-
de sortant de ses yeux, de sa bouche, narines, & oreilles , qu'on
ne pouuoit demeurer dans sa
celle. Vn si effroyable spectacle
fit escrier à haute voix le Maistre du Nouitiat , en sorte que
les Religieux l'entendirent, & y
accoururét. Et en mesme temps
iugerent que le Nouice estoit
asseurement possedé du diable,
ils furent trois grosses heures à
l'exorciser entr'eux , sans pouuoir rien gaigner. C'est pourquoy ils prirent resolution de
courir promptement au bon Pere, lequel (comme il menoit vne
vie heremitique & differente

de sa communauté) estoit reclus dans sa celle, assise & placée pour ceste raison, hors du
Dortoir commun. Ce ne fut
pas pourtant sans apprehension
de diuertir le bon Pere des doux
embrassemens de son espoux,
auquel ordinairement il estoit
plus vny à ceste heure de repos
& silence. Mais la charité les
pressoit d'autant plus, qu'ils sça-
uoient estre grandement difficile d'expulser Satan, quand il
a demeuré long-temps en vn
corps : si tost qu'il fust aduerty
du faict, il s'en vint, & en chemin disoit : O ennemy que tu
fais de peine à ceux qui veulent
faire penitence, il arriua à la
porte de la celle du Nouice cõme on lisoit la Passion. Ce qu'en-
tendãt il ne voulut entrer, qu'elle ne fut acheuée, mais si tost
qu'elle fut finie il entra tançant

aigrement l'ennemy de ce qu'il
affligeoit toufiours ceux qui
vouloient feruir à Dieu. Satan
fe mit à parler en quatre ou cinq
langues, le menaçant de le perdre & tous fes Religieux. Il entendit fort bien ce que difoit le
diable, & luy refpondit en mef-
mes langues, encor qu'il n'en
euft eftudié pas vne; fi Dieu eft
pour nous, ce luy fit-il, tu ne
nous fçaurois nuire : lors leuant
les yeux baignez de larmes vers
le Ciel, il s'efcria. O Seigneur
Dieu, regardez en pitié cefte
pauure creature, le diable fortit
à ces paroles fans bruit quelconque, finon qu'il laiffa le Nouice
pour demy mort, lequel le fainct
hôme conforta, le prenant par la
main, & luy difant en lâgue Italienne, *fta forte per charita*, le Nouice fe leua gay & difpos, puis la
larme à l'œil fe ietta à genoux,

Science
infuſe de
S. Fran-
çois cõ-
muni-
quée aux
ſiens.

remerciant le S. de ſa deliurãce en langue Latine, & fort diſcrettement encor qu'il n'euſt iamais appris ny entendu ceſte langue qui eſtoit vn manifeſte indice que le S. Eſprit eſtoit ſur ſa bouche. A ceſte occaſion le S. Patriarche fit vne belle remonſtrance à ſes Religieux, des ſurpriſes & fineſſes de Satan. Et la maniere de diſcerner les bons eſprits des mauuais, & du moyen de leur reſiſter. Vn autre ſien Nouice appellé Frere Eſtienne,

Nouice
obſedé,
& ſa de-
liurance.

fut obſedé de Satan qui l'effroyoit de mille affreuſes & eſpouuentables figures, le trauailloit de grands tintamarres, & meſmes luy ſoüilloit & broüilloit la penſée de ſottes, importunes & ſales imaginations, deſquels aſſauts ce nouueau champion eſtoit tellement tourmenté qu'il auoit preſque perdu

courage , n'euſt eſté que le S.
auquel il eut recours, calma ſon
eſprit, & le deliura de telles il-
luſions, tant par ſa preſence, que
par les belles inſtructions qu'il
luy laiſſa ſur le petit pouuoir
de Satan, à l'encontre de ceux
qui ſe comportent courageuſe-
ment en la lice de la ſaincte
mortification pour la charité de
N. Seigneur. Vn Nouice des
Cordeliers grandement affligé
du diable luy fut amené par ſes
Superieurs, il ne voulut par humilité l'exorciſer , diſant qu'il
ſuffiſoit le recommander aux
prieres de Sainct François
d'Aſſiſe , en quoy il nous donnoit exemple de ne courir aux
remedes aiſement & ſans extreme neceſſité hors de noſtre Religion. Et reprenoit tacitement
ceux leſquels n'eſtiment pas aſſez l'eſprit de leur reigle, faiſans

plus de cas de ce qu'ils se figurent estre aux autres Ordres,
que non pas de ce qu'ils voyent
& sçauent estre sainctement en
prattique & obseruance dans
leurs Cloistres. Mais en fin ga-
gné par les prieres de ces Peres,
il l'exorcisa. Et aussi-tost le diable sortit du Nouice qu'il con-
gedia, luy disant, Allez en charité mon fils, & gardez bien ex-
actement vostre reigle. Car en
ce faisant nostre Seigneur vous
assistera. Qui n'eust desiré prendre l'habit d'vn tel personnage,
s'enrooller à la compagnie d'vn
si braue Capitaine, & se conduire par les sentimés & aduis d'vn
si sainct personnage. Plusieurs
personnes de qualité & de iugement se rangerent aussi sous sa
conduite, du nombre desquels
fut le S. personnage & Reuerend Pere François Binet , qui

laiſſa l'habit de S. Benoiſt, & le
gouuernement de ce celebre
Monaſtere de Marmouſtier,
pour prendre le bas & abiet bu-
reau des pauures Minimes, &
eſtre Nouice ſous vn ſi bon con-
ducteur qu'eſtoit S. François
de Paule. Mais la principale
conſideratiõ qui attira ce grand
perſonnage fut le rapport de la
vie des Minimes, auec celle de
S. Benoiſt, ſi que quelque celebre perſonnage a voulu dire
que la Religion des Minimes
eſtoit vne reforme de cet Ordre
ſi celebre. Ce qui n'eſt pas
pourtant, dautant que c'eſt vne
reigle toute differente des autres quatres principales. Les
miracles auſſi qu'il voyoit, &
dont il entendoit parler (n'e-
ſtant eſloigné du Conuent du
ſainct hôme de plus d'vne lieuë)
contribuerent beaucoup à ſa té.

conuersion , & à celle de plusieurs qui de l'excez du vice, &
de l'embaras du monde, se rangerent aux extremes rigueurs
d'vne vie quadragesimale,& s'a-
bandonnoient au doux repos de
la solitude, ainsi que fit vn Gen-
til-hôme François appellé Gregoire de Vic (qui estoit en l'armée du Duc d'Orleans , lors de
la Iournée de S. Aubin, en laquelle l'on poursuiuoit le Roy
Charles huictiesme) quand vn
boulet de canon le vint rencontrer droit à la teste, dont elle
eust esté emportée à plus de 25.
pas de là,& cent personnes auec
luy, n'eust esté qu'il auoit sur
soy vne des chandelles benistes
du Sainct , en vertu de laquelle
le boulet s'arresta tout court, re-
iallissant de son front comme si
c'eust esté vn mur ou bouleuart
de bronze. Et dés lors il fit vœu

de se rendre de l'Ordre du S.
personnage, les merites duquel
auoient vn si estrange & merueilleux effect. Il l'executa en
bref, receuant l'habit de la main
de son bien-facteur, & se voüat
au seruice de son Ordre le reste
de sa vie, qui luy appartenoit par
le droit de conseruation miraculeuse.

Accroissement de l'Ordre en France.

CHAPITRE XVI.

CEste grande sain=ceté qui
estoit en luy, & que nostre
Seigneur confirmoit par des miracles si continuels & tres eui-
dents, conuioit les grands de les
demander en leurs terres, n'y
pouuant auoir le Sainct, ainsi en

peu de temps vit-on plusieurs maisons prises en France, comme Chastelleraut, Gien, Amiés, Abbeuille, Toulouse, Frejus & Grenoble, sans parler de beaucoup d'autres places presentées : voire mesme quelques Conuents tous bastis qu'il refusa, crainte que la complainte du Prophete n'eust lieu aux premieres fondations de son Ordre, *Vous auez multiplié la gent, & n'auez pas pourtant aggrandy la ioye.* La plus part de ses Conuents cy dessus nommez, sont des recognoissances de benefices perceus miraculeusement du Sainct par leurs fondateurs, comme celuy de Gien qui fut donné par Madame Anne de France, en consideration de ce qu'elle eust lignée par les prieres du Pere S. François. Et celuy de Chastel-leraut

Conuents marques des miracles du S.

leraut est l'obligation de la Duchesse Loyse de Sauoye qu'elle
eut à Dieu & nostre Pere sainct
François encore viuant, en suitte du vœu qu'elle leur fit, au cas
qu'elle eust vn fils comme il
luy auoit promis. Thoulouse &
Grenoble sont la deuotion du
pieux Euesque Messire Laurens
l'Allemant, qui auoit esprouué
à Amboise la saincteté du nouueau Patriarche, duquel ayant
esté inesperemét assisté en quelques afflictions, qui le pressoient
grandement, il s'en voulut re-
uancher, & en s'en retournant
dans son Euesché mena de ses
Religieux, ausquels il fonda
premierement le Monastere de
Grenoble, non sans trauerses, Le dia-
ble tra-
uerse le
Sainct.
rant de la part des hommes, que
de celle des diables, lesquels
mirent le feu au clocher, qui
fust tout bruslé, & firent enfon-

K

cer vn batteau de pierres qui
venoit pour la fabrique, cependant que les parens de ce digne
Prelat, taſchoient à le diuertir
d'vne telle entrepriſe: à laquelle
toutesfois il fut plus porté que
iamais, à cauſe des miracles qui
ſe faiſoient proche de luy, par le
moyen d'vn pain que luy auoit
laiſſé le Pere S. François, car il
arreſta le cours d'vne fiebure
violente, dont deux de ſes ne-
ueux eſtoient rudemét ſecoüez,
en leur en donnant à manger,
& guarantit vne femme, qui s'e-
ſtoit endormie dans vn pré la
bouche ouuerte, d'vn ſerpent
qui auoit entré dans ſon corps,
ſi que l'on n'attendoit que la
mort de ceſte pauure creature,
mais elle n'euſt pas ſi toſt auallé
vn morceau de ce pain beniſt
que luy enuoya l'Eueſque, que
le ſerpent ſortit à l'inſtant, ſans

offencer en rien la pauure femme. Nigeon mefme qui eft l'vn
des plus celebres Conuents de
l'Ordre, fitué proche la riuiere
de Seine au deſſus de Challiot
lez Paris , eft vn remarquable
monument de la faincteté miraculeufe de l'homme de Dieu.
Car l'on ſçait communement
comme quoy la fcience infufe
& don de Prophetie , qu'il fit
paroiftre à deux rares Theologiens de fon temps , les gaigna
en forte qu'eux qui eftoient les
plus contraires à l'eftabliſſemẽt
de l'Ordre à Paris, deuinrent fes
plus zelez defenfeurs & intimes
amis. Le fait merite bien d'e-
ftre deduit au long , puis qu'on
y apprendra qu'il n'y a confeil
ny refolutiõ humaine, qui puiſſe
refifter à la volónté du Ciel,
quand elle fauorife les feruiteurs de Dieu. Le Pere S. Fran-

Conuẽt
de Ni-
geon lez
Paris.

K ij

çois auoit enuoyé à Paris deux
de ses Religieux, pour moyen-
ner l'entrée en ceste grande ville-monde : l'Euesque assembla
des personnages de creance sur
ceste affaire : le resultat de l'assemblée fust l'ordinaire excuse
des hommes, qui croyent que
les aumosnes faictes à quelque
petit nombre de seruiteurs de
N. S. appauurissent le peuple :
sçauoir qu'il y auoit ja assez d'autres Conuents des anciennes
Religions, sans y admettre ces
noulieaux venus. Or entre tous
ceux du Conseil, ces deux furent plus contraires, sçauoir M.
Iean Quentin Penitencier de
nostre Dame, & M. Iean Stan-
donc Principal du College de
Montaigu, & Reformateur, ou
Instituteur des pauures dicts
Capettes, hommes au reste de
sçauoir & bonne vie : mais n'at-

tribuans pas assez à la prouidence de N. S. en faueur des bons
Religieux. Arriua que pour
quelques affaires ils vinrent à
Amboisevers leRoy qui y estoit,
& de là leur prit fantaisie de venir voir ce Bon-homme dont
on faisoit tant de cas, & sçauoir
ce qui en estoit. Le Sainct par
esprit prophetique sceut leur arriuée à Tours, & leur enuoya
deux de ses Religieux les supplier de prendre la pauureté du
Conuent pour logement, quoy
qu'vn peu escarté de la ville, ceste premiere descouuerte à la
faueur d'vn miracle, leur accreust & redressa le desir de voir
le sainct homme, tant ils estoiét
impatients de voir quelque miracle. Quand ils furent venus
au Conuent, le sainct personnage les salua par nom & surnom, & leurs dit autres particu-

Docteurs
contrai-
res sur-
montez
par le S.

larirez qu'ils iugeoient bien ne
pouuoir estre cogneuës que par
l'esprit de Dieu. Ils entrent en
en conference des poincts plus
difficiles de la Theologie, & des
passages plus obscurs de la saincte Bible, où ils admirerent ce
que peut la contemplation pour
esclairer vn esprit despourueu
de lettres humaines : car ils
auoüerent que iamais n'auoient
entendu vn homme parler si
profondement des matieres de
Theologie, & expliquer si net-
tement & disertement vn texte
de l'Escriture, ceste entreueuë
docte & miraculeuse fut termi-
née par vne Prophetie que leur
fit le Docteur Theodidacte S.
François, leur disant que nonobstant leurs contraires inclinations & poursuittes du passé, ils
seroient desormais les Procureurs & Protecteurs de son Or-

Science
infuse.

dre,& qu'ils aduanceroient plus
affectionnement ſes deſſeins,
qu'ils n'auoient paſſionnement
empeſché ſon eſtabliſſement
dans Paris. Le cœur de ces Docteurs fut tellement changé, & les cœurs
enuers Dieu & enuers ſon Or-
dre, qu'ils furent de ſaincts
perſonnages , & ſe rendirent
Procureurs de nos Religieux de
Paris, ſpecialement Iean Quentin, qui tint en ſa maiſon les
premiers Peres qui furent enuoyez pour s'y eſtablir, iuſques
à temps que Meſſire Iacques de
Moihier ſieur de Villiers, leur
fit offre & don d'vn vieux Chaſteau dit de Nigeon, pour recognoiſſance des miſericordes de
N.S. qu'il auoit receu en vn ſien
pelerinage par l'entremiſe de S.
François de Paule , duquel il
auoit eſté reclamer l'aſſiſtance à
Tours deuant que de partir. Or

Dieu
change
les cœurs
pour l'e-
ſtabliſſe-
ment
des Reli-
gieux.

K iiij

comme c'est l'ordinaire des sainctes entreprises d'estre tousiours
combattuës : sur ceste donation
interuint l'opposition du Con-
troolleur de la Roine de France
Anne de Bretagne, au nom de
laquelle ce personnage preten-
doit ce Chasteau estre sien: l'affaire fut long-temps contestée,
Satan y trauaillant, qui se fas-
choit de quitter ce lieu qui
estoit vn brigandage & retraicte
de voleurs, car cë Chasteau en
ses demolitions n'estoit gueres
propre à autre vsage. Mais en fin
le different fut appointé par le
consentement de la Roine, qui
fut grandement aise d'auoir ceste occasion de gratifier le sainct
homme. Quelques-vns tien-
nent que S. François de Paule
vint à Paris durant ces conte-
stes, & y a vne famille qui tient
par succession de pere en fils,

qu'il demeura quelques iours
en vne certaine maiſon, laquelle on dit auoir receu ceſte benediction (qui dure encor iuſ-
qu'au iourd'huy pour payement
de ſa reception,) que tous ceux
qui s'y ſont tenus, s'y ſont ſenſi-
blement & manifeſtement veus
proſperer, & au ſpirituel & au
temporel. Ce fut pour terminer
paiſiblement par voye d'accord
ce litige, qu'il y vint, car c'eſtoit
ſa couſtume de mettre en execution le conſeil Euangelique,
qui veut qu'on quitte ſon propre, pluſtoſt que d'offencer la
charité, qui eſt le lien de perfection. Ce qu'il monſtra encor à l'occaſion du Conuent de
Bracancourt, auquel il vint pour
appointer le differét qui s'eſtoit
leué entre les Religieux Mendians du Dioceſe & les ſiens,
ſur ce qu'ils pretendoient que

K v

Maiſon biē heurée à cauſe que S. Fráçois y a logé.

Charité gardée entre Eccleſiaſtiques.

ce nouuel establiffement d'vn
Conuent fans reuenus quel-
conques autres que de la faincte
pauureté, preiudicieroit à l'en-
tretien de leurs Communautez
nombreufes. Le Sainct prefe-
rant l'amour & l'vnion à la rigueur de la médicité qu'il auoit
gardée eftroitement & inuiola-
blement iufques à ce iour là, accepta quelque petit reuenu
que luy offroit le Fondateur,
pour accoifer ce trouble, fçachant qu'il faut fouuentefois
laiffer ce qui eft de confeil, pour
couper court au fcandale du
peuple. Il vfa encor de pareil expedient pour obuier à femblables defordres en la fondation
d'autres fiennes maifons, efquel-
les il accepta quelque petites
aumofnes annuelles des fondateurs, pluftoft pour perfuader
qu'il n'incommoderoit la pau-

ureté & mendicité des autres
Ordres, que non pas pour auoir
des commoditez, car il a touf-
jours recommandé la fainɛte
pauureté à fes Religieux, laquelle encor aujourd'huy reluit non
fans difpenfatiõ du Ciel, és maifons & Conuents de fon Ordre.
Et certes il eftoit bien conuenable que celuy qui faifoit tout
par charité, ne denoüaft le lien
de charité entre les Ordres Religieux, lefquels comme tédans
à vne mefme fin de la perfeɛtiõ,
fe doiuent cherir dautant plus
eftroiɛtement, qu'ils font pro-
tegez fauorablement par vn
mefme Seigneur.

Ce fut comme il eft croyable,
à cefte occafion que N. S. qui
luy auoit faiɛt faire tant de miracles par charité, & qui l'auoit
tant efleué en la grace de cefte
Roine des Vertus, luy depefcha

Charité,
diɛton &
armes
de l'Or-
dre.

K vj

vn Ange du Ciel , accompagné
d'vne belle ſuitte d'autres bien-
heureux eſprits, faiſans vn con-
cert melodieux dans ſa châbre,
lors qu'on luy portoit l'eſcuſſon,
& le blaſon de ſon Ordre , qui
eſtoit vn *Charitas* en lettre d'or,
ſur champ d'azur , digne armoi-
rie d'vn Ordre , qui par la profeſſion des quatre vœux a accar-
ry le cercle de la perfection religieuſe, dont la fin eſtant la châ-
rité marquée en ſes armes, & le
commencement en la ſainĉte
humilité proteſtée au nom de
Minime , n'eſt-ce pas là l'ac-
compliſſement de la plus ſouueraine perfeĉtiõ que N.S.I.C.
ait enſeignée en ſon Euangile, &
prattiquée par ſes aĉtiõs memorables durant ſon ſejour en ceſte vie mortelle ? Ce ſeroit bien
icy le lieu d'eſcrire comme quoy
le Sainĉt ayant enuoyé ſa ſeconde Reigle au Pape Alexandre

troisiefme pour eftre confirmée,
il ne l'approuua qu'auec condition que le nom qu'il prenoit
auparauant d'Hermites , fut
changé en celuy de Minimes,
nom dont il voulut qualifier le
cinquiefme Ordre des Men-
dians, qui vit fous la cinquiefme Reigle de l'Eglife de Dieu:
mais il fera plus à propos de dif-
courir de cecy quand nous par-
lerons de la confirmation de la
derniere Reigle , qui fut faicte
peu de temps auant l'heureux
trefpas du treffainct Patriarche.
La fuitte des temps nous appelle
à fignaler la iuffion qu'il fit de
fes Religieux en Efpagne, qui
fut la caufe du nom qui leur eft
là communement donné des
Peres de la Victoire. Car le Pere
S. François euft en efprit reuelation des affaires que donnoiét
les Maures, nation impie & fe-

ctaire de Mahomet , en leur
expulsion des Espagnes au genereux & inuincible Roy Ferdinand , qui auoit lors son armée deuant Malaga, où ces perfides s'estoient refugiez comme
en vne ville de resistance & d'affeurance, au reste auec tãt d'aduantage que ce Prince coura-
geux desesperoit de la pouuoir
emporter sur eux , & auoit ja
resolu de leuer le camp pour
s'en retourner. Tout l'estat de
ce dessein deploré fust cogneu
du S. Prophete, qui estoit pour
lors à Tours, ce qui le porta à
redoubler cesprattiques d'austerité, solitude & oraison à ce qu'il
pleust à l'eternelle iustice d'ex-
terminer ceste race infidele &
iniurieuse aux Chrestiens, par
le bras de ce Religieux Prince,
& de fauoriser son dessein iufques à l'entiere déroute des en-

nemis du Messie & Fils de Dieu.
Dans la ferueur de ces exercices, N. S. declara au Sainct
quelle deuroit estre l'issuë de ce
siege, & qu'il n'auoit voulu encores mettre ses ennemis entre
les mains du Roy d'Espagne, à
ce que l'on ne vint à attribuer la
gloire de ceste deffaite aux forces des hommes, & non pas à sa
prouidence qui preside sur tout
aux armées, luy commandant
qu'il enuoyast deux de ses Religieux pour donner asseurance
au Roy, de la victoire, & qu'à
leur arriuée il mettroit la ville
entre ses mains, & ses ennemis
en vauderoute, ce que les Historiens remarquent auoir esté
en la sorte: car deux saincts
Religieux, que l'on tient auoir
esté depuis martyrisez par les
Maures mesmes, furent en-
uoyez par le sainct Prophete au

Roy Ferdinand , qui auoit re-
folu de leuer le fiege le iour de
leur arriuée , n'euft efté qu'ils
luy promirēt de la part de Dieu,
& de leur fainct Patriarche, dōt
le renom auoit couru iufques en
ces quartiers là, qu'il feroit victorieux de cefte entreprife, & que
fa Majefté entreroit en bref dās
la ville. Le Roy releua fes efpe-
rances , & affermit fon courage
fur cefte promeffe, qui fe trouua
veritable la nuict fuiuante. Car
vne terreur Panique y ayant
efté enuoyée de Dieu dans la
ville. Toute cefte race perfide
faifie d'efpouuāte & de frayeur,
ouurit l'vne des portes & s'en-
fuit auec ce qu'elle peuft emporter, laiffant la ville libre à
l'armée Royale, qui y entra le
lendemain matin , fi toft qu'elle
euft apperceu l'effect de la prophetie & priere du fainct hom-

me. Ie laiffe icy à penfer fi les
Religieux ne partagerent pas la
gloire de ce triomphe auec le
Roy Ferdinand, qui pour memoire d'vne fi inopinée & miraculeufe affiftance, fonda vn
Conuent en cefte ville qu'il
voulut eftre appellé de N. D.
de la *Victoria,* commandant que
les Religieux de ceft Ordre feroient appellez auffi de la Vi-
&toire. Les nouuelles de cefte
miraculeufe expulfiõ fans coup
ferir coururent par toute la
Chreftienté, & firent naiftre le
defir à l'Empereur, d'auoir de
tels Religieux pour la conferua-
tion de fon eftat. Il efcriuit au
Sainct en France, le fuppliant
de luy enuoyer quelques Peres
de fon Ordre, pour peupler
quelques Conuents que l'on
prefentoit, dont l'vn fuft bafty
à Salpruch en Auftriche par la

Ordre
en Alle-
magne.

liberalité du mesme Empereur, & deux autres en Boheme, ausquels grand nombre de Religieux ont combatu tant qu'ils ont peu l'heresie naissante de Luther, tant par leur doctrine que pieté & austerité, mais en fin la rage & fureur des sectaires de ce malheureux Apostat se lança si barbarement sur ces trois Monasteres, qu'elle fit autant de Saincts Martyrs, qu'il y auoit de Religieux.

Martyrs de nostre Ordre en Boheme & Austriche.

François premier impetré par les prieres du S. & l'estime que le Roy Louys XII. fit de luy.

CHAP. XVII.

C E seroit faire tort à la me-moire du grand & valeu-

reux Monarque François premier, que d'obmettre sa naif-
sance impetrée par les merites
du sainct homme : l'occasion en
fust telle. Il fut vn iour visité en
son Conuent du Plessis, par l'illustre Princesse Loyse de Sauoye, espouse du Comte d'Angoulesme, ou entr'autres propos
elle se vint à ietter sur l'infortu-
ne de sa personne, laquelle quoy-
que fauorisée du Ciel en grandeur & richesses, estoit affligée
de n'auoir aucuns enfans, le Pere S. François essuya les larmes
de ceste Princesse, & arresta le
cours de ses sanglots, en luy promettant & prophetisant qu'elle
auroit vn fils, & que ce fils seroit Roy de France : ceste Dame
respõdit, Helas mon Pere, mon
ambition ne me porte si haut
que d'aspirer à estre mere d'vn
Roy de France, attendu mesme

S. Fran-
çois pre-
dit que
le fils de
la Du-
chesse
d'An-
goulef-
meseroit
Roy.

qu'il n'y a aucune apparence, y ayant tant d'autres fuccefleurs de la Couronne, mais feulement ie m'eftimerois grandemét heureufe d'auoir vn feul enfant pour appuyer ma maifon. Que fi i'en pouuois auoir vn, ie promets volontiers à Dieu & à vous, qu'il n'aura autre nom que le voftre, le fainct homme repartit, Madame, fi vous auez confiance en noftre Seigneur, affeurez vous que vous aurez vn fils, & qui plus eft, qu'il fera Roy & regnera long temps, n'en doutez point. Quant au nom que vous luy voulez donner, que ce ne foit point en confideration d'vne pauure creature telle que ie fuis, mais bien en memoire de celuy dont ie porte le nom. O rare merueille, cefte Princeffe fe fentit de fa groffef-fe dans peu de temps , & au

bout du terme accoucha d'vn
beau fils, qui fut nommé François, en memoire de celuy aux
prieres & merites, duquel il deuoit sa naissance, & fut depuis
Roy de France, succedant au
Roy Loys douziesme, & a tenu
le sceptre 32. ans auec tant de
gloire que l'on le peut dire l'vn
des plus genereux & valeureux
Monarques, qui ayent iamais
porté le diademe François, sans
faire mention du beau tiltre
dont on le qualifie à bon droict,
de Pere des sciences, & Tuteur
de la Religion Catholique, qu'il
a maintenu si courageusement
& prudemment, exterminât les
premiers reiettons de ceste en-
geance de Luther en tant d'occasions que les Historiens remarquent. Ce sien zele auoit
bien esté si ardent, qu'il disoit
coustumierement, que si l'vne

François I. appellé François, pourquoy.

de ses mains estoit heretique il
la brusleroit par l'autre; c'estoiĕt
là des graces particulieres, dont
le Ciel ennoblissoit ce Prince,
par les merites de celuy-là mesme qui luy auoit impetré la vie
& le nom. Ainsi la Couronne de
France deuoit grandement à la
saincteté de l'homme de Dieu,
lequel pourtant fut negligé
apres la mort du Roy Charles
VIII. par Loys XII. qui au cŏ-
mencement de son regne, ne
fit pas autrement estat de celuy
qui estoit le bon-heur de son
sceptre, & l'hŏneur de sa Cour;
mais c'estoit l'humilité du sainct
Patriarche, qui couuroit ses
estincellãtes vertus sous le man-
teau de la simplicité & rusticité
qu'il affectoit pour esloigner
d'autant plus de soy les Princes
& Seigneurs de la terre, & se
ioindre plus estroictement au

Roy du Ciel ; car si ce Prince
eust cogneu les merites de ce
bouclier de la France, il ne luy
eust pas si facilement accordé le
congé de s'en retourner en son
païs de Calabre pour y finir ses
iours, comme il fit : mais le Ciel
qui auoit destiné le Sainct pour
estre apres sa mort, ainsi que porte son Anagramme, *le sainct Pa-*
uois de la France, voulut qu'elle
fut depositaire de ses reliques.
Comme donc il s'acheminoit
vers Lyon, pour aduancer chemin en Italie, les Seigneurs de
la Cour, & entr'autres ceux qui
auoient receu des benefices de
Dieu par ses prieres, accoururét
au Roy, qui n'estoit pas pour
lors à Tours, pour representer
à sa Majesté quelle grande perte il faisoit, en laissant sortir ce
thresor de graces de son Royaume , qui auoit esté recherché

S'en veut
retour-
ner en
Calabre.

auec tant de peine, & conserué
iusques à ce iour auec tãt d'honneur & de profit. Le Cardinal
George d'Amboise qui estoit
vn des grands & signalez personnages, qui ayent depuis lõg-
temps esclairé dans le firmamẽt
de l'Eglise Gallicane, s'y employa auec autant d'affection
qu'il portoit de respect à son S.
conseiller & bon amy S. François, il ne profita pas peu en
conferant auec luy : attendu
qu'il a esté si Religieux, que iamais il n'a voulu se charger
d'autre benefice, que de celuy
de son Archeuesché de Roüen;
encores que ce fut vn Ecclesiastique de la premiere qualité de
la France, & qu'il y fut Legat
à *latere*. L'Eglise Metropoli-
taine de Roüen, porte sa memoire grauée honorablement
en des marbres de longue durée,

Cardinal d'Am-boise amy du S. & ses loüian-ges.

rée, mais sa pieté est encor de
meilleure estoffe : son zele aussi
par lequel il trauailla à la reformation de plusieurs Ordres des-
cheus de son temps, & à l'establissement de celuy de son intime S. François de Paule , auquel le sainct homme addressa
quelques lettres qui se voyent
encor, esquelles il luy recom-
mande la protection de sa Religion , qu'il appelle sa pauure
plante , comme celle à qui il
auoit donné croissance , en l'ar-
rousant de ses benefices & faueurs. En fin donc le Roy ayant
esté informé combien il impor-
toit de retenir ce sainct homme
en ses terres , crainte que pareils
encõbres n'esclattassent sur son
sceptre apres son depart, que
l'on vit arriuer en Italie, enuoya
en diligence vn Courrier, auec
lettres reuocatoires de la licence

L

qu'il luy auoit octroyée; si que le
Sainct fut contraint de retourner contre son gré, en son Conuent de *Iesus-Maria*, proche le
Chasteau du Plessis, où le Roy
en bref le voulut voir, pour es-
preuuer si la verité correspon-
doit au recit qu'on luy auoit fait
de ses vertus; & certainement
ce ne fut à fausses enseignes, car
au premier pourparler que sa
Majesté eust auec le Sainct,
qui dura bien quatre heures, il
y remarqua de si puissans &
vifs efforts de la grace, qui ani-
moit & embrasoit tous ses propos, qu'en sortant de la celle
du S. personnage on vit le Roy
tout baigné dans ses larmes, si
que ne pouuant dissimuler les
atteintes & attendrissemens de
son cœur, il dit aux Seigneurs
de sa Cour, qu'il n'eust iamais
peu croire s'il ne l'eust veu, que

la terre euſt porté vn ſi ſainct
homme. Ie vous iure ce fit-il,
qu'il m'a deſcouuert des ſecrets
de ma conſcience, qui ne pouuoient eſtre cogneus qu'à Dieu
ſeul, & à ceux à qui ſa bonté l'a
voulu reueler. Depuis ce temps
là il fit grand cas des aduis de ce
ſainct Conſeiller qu'il auoit proche de ſon Chaſteau du Pleſſis, & l'alloit ſouuent viſiter.
Ces entreueuës ne furent ſans
fruict, puiſqu'il merita par ſon
gouuernement, le beau tiltre
de Roy debonnaire & Pere de
ſon peuple, que s'il euſt creu
dauantage au ſainct homme, les
differents d'entre Iules II. &
ſa Majeſté, n'euſſent tant eſ-
clatté, car il s'efforça de les appointer & accorder paiſiblement, ayant beaucoup d'aſcen-
dant ſur l'eſprit de l'vn & de
l'autre.

L ij

*Des Reigles & Statuts de l'Ordre,
& de la vie quadragesimale.*

CHAP. XVIII.

CE fuft le mefme Pape Iules
auquel ainfi que nous auõs
dit, le Pere S. François predit
qu'il confirmeroit fa Reigle au
refus du Pape Sixte quatriefme:
toutesfois il eft tres-veritable
que celle qui fut prefentée audit
Pape Sixte quatriefme, n'eftoit
pas tout à fait la mefme, qui fut
confirmée par Iules fecond : car
le Patriarche S. François felon
les diuerfes occurrences & cir-
conftances des lieux , & perfonnes, cõpofa quatre Reigles,
dont trois furent fucceffiuemét
confirmées par Alexandre VI.
auec puiffance de les changer,

Le S ef-
criuit 4.
Reigles.

quand il iugeroit à propos auec
meure deliberation, la derniere
de ces trois qui eftoit comprife
en treize Chapitres, fuft plus
authentiquemét approuuée par
vne Bulle en datte du 4. des
Calendes de Mars en l'an 1492.
par laquelle Bulle auffi le nom
d'Hermites fut changé en celuy
de Minimes : Or cefte Reigle
fuft en obferuance tout le refte des iours du B. Patriarche,
qui fe voyant proche de fa fin,
fuiuant la puiffance qu'il en
auoit eu du S. Siege, trauailla
à la reformation de fa derniere
Reigle, & à la compofition du
Correctorium, qui eft comme le
corps du droict general & particulier de fon Ordre, où font
portées les penitences & cor-
rections des delinquans & con-
treuenans au contenu de fa
Reigle, & quoy qu'il euft l'ef-

prit de Dieu aussi present sur le
declin de son aage, comme iamais il ait eu au cours de sa vie,
ce neantmoins il assembla les
plus sages & Religieux Peres de
sa Religion, pour aduiser à ce
qu'il faudroit retrancher, adiouster, innouer ou changer, & de
leur aduis, & sur tout de l'assistance du S. Esprit, qui manioit
son iugement, & ses doigts pour
coucher d'vn style nerueux &
pieux les enseignemens de la
vie eternelle, il reduisit les treize Chapitres changez & inno-
uez en dix, qu'il redigea en
meilleur ordre & style, ordon-
nant que la mesme Reigle chan-
gée en peu d'endroits, seruiroit
aussi aux Religieuses de son Ordre. Le *Correctorium* estant cõ-
mun, tant à ses Religieux qu'aux
Religieuses; & finalement à ce
qu'il cooperast à la gloire de

Dieu & aduancement des consciences en tous estats, il escriuit
vne troisiesme Reigle, qu'on
appelle communemét des Ter-
tiaires ou du Cordon, pour les
fidelles de l'vn & l'autre sexe,
ne voulât exclurre de l'addresse
de la perfectiõ les seculiers, non
plus que les Religieux. Or vn
an deuant que de partir de ce
monde, pour aller à la gloire, il
enuoya deux de ses Religieux
plus signalez en doctrine & pic-
té : sçauoir les R. P. François
Binet, & Louys Lustan, vers la
Saincteté du Pape Iules II. pour
les luy presenter, & en demander la confirmation qui en fut
donnée authentiquement apres
de tref-exactes & diligentes re-
cherches, en datte du 28. Iuillet
en l'an 1506. auec annullation
& cassation des trois autres an-
ciénes Reigles, statuts & ordon-

Reigle
du tiers
Ordre.

L iiij

nances faicts par le passé, lesquels estoient en beaucoup de choses differents des modernes: car és premieres Reigles l'on chantoit en notte & plein chãt, ce qui fut depuis retranché, ce dit on, à l'occasion d'vn Nouice qui fut remarqué par le S. homme auoir trop de complaisance en sa belle voix. La nudité des pieds y estoit estroictement & indispensablement cõmandée, si qu'vn iour vn Religieux s'estant chaussé, fut miraculeusement puny par le feu de S. Antoine qui s'y prit soudain, & l'obseruance de la vie quadragesimale n'estoit point de vœu, mais seulement de statut & ordonnance. Là où en la derniere Reigle, le plein chant est prohibé sous griefues peines, la chaussure des iambes y est eniointe, & la nudité des pieds

relaſchée à la diſcretion des Superieurs & Chapitres ; & la vie
quadrageſimale eſt d'eſtroicte
obligation de droict diuin en
conſequence du vœu que l'on
en fait en la profeſſion. Or comme ceſte derniere auſterité ſem-
bloit extreme en rigueur & charge de conſcience, ce ne
fut ſans de grands combats &
trauerſes de Satan, qu'elle fut
eſtablie ſous obligation de vœu.
Car lors que le ſainct Patriarche euſt le premier deſſein de la
faire confirmer par vœu, le diable ſe transforma en Ange de
lumiere, & luy apparut en ſon
Oratoire : luy diſſuadant par de
ſi belles & preſſantes raiſons en
apparence, qu'il ſe ſentit eſbran-
lé ſi fort, que ſorty de ſa celle,
il prit reſolution d'enuoyer le
lendemain en diligence deux de
ſes Religieux, pour deuancer

L v

ceux qu'il auoit defia depefchez vers fa Sainſteté, à ce qu'ils ne demandaſſent la confirmation de ceſt article, fi ce n'eſtoit fous l'entier bon plaifir du S. Siege. Ces deux Religieux le lendemain matin, fe vinrent prefenter le baſton à la main pour receuoir la benediction du fainſt homme, qui leur dit que N. Seigneur luy auoit fait ceſte miſericorde, que de luy defcouurir les ruſes de Satan, qui l'auoit voulu abuſer fi finement. Et qu'ils s'en retournaſſent en leurs celles prier Dieu pour la confirmation qui s'en fiſt, non feulement de la part du S. Pere Vicaire de Ieſus-Chriſt, mais de Dieu meſme : car l'on lit vn miracle de certains maçons, qui trauaillans au Conuent de Paterne, oferent prophaner les lieux reguliers y portans de la

viande, dont penfans faire bonne chere, ils trouuerent que cefte chair fraifchement cuitte, ne
fut fi toft tirée du biffac, que les
vers y groüilloient, & la puan-
teur en fortoit fi infecte, que
l'on ne pouuoit en approcher:
l'acceptation auffi en fut toute
miraculeufe. Car le Pere fainct
François mourant leur recommanda apres la charité de noftre Seigneur, l'obferuance de
ce vœu, & pour affeurance
qu'elle n'eftoit de garde impof- Miracle
fible, il prit le feu ardent entre pour ef-
preuue
fes mains en prefence d'vn cer- du vœu.
tain frere Geneuois & fes adhe-
rans. Et qui plus eft au premier
Chapitre general, tenu tant
pour l'election d'vn General en
la place du fainct Patriarche,
que pour la reception de la
Reigle & *Correctorium* en fa teneur, & fpecialement de ce qua-

L v)

Le 4. triesme vœu, les Peres plus
vœu re- pieux de prime abord le rendi-
ceuapres rent fort difficile à se charger
la mort d'vne nouuelle obligation, à
du S. quóy ils ne s'estoient engagez,
& les opinions estoient presque
toutes vnies à ne point receuoir
ce quatriesme vœu, quand le
Sainct nouuellement decedé
tesmoigna auoir vn soin particulier de ses enfans, qui trauáil-
loient en vne si importante affaire, car ayant esté ordonné
par le President du Chapitre,
qui estoit le Cardinal Vigere de
S. Marie de là le Tybre, que l'on
reclameroit l'assistance du S.
Esprit en ceste necessité, par le
Psalme, *Sæpe expugnauerunt me à
inuentute mea*, ils se trouuerent
à la suiuante session tous tellement changez, que l'obseruance de la vie quadragesimale fut
acceptée par obligation de vœu

fous de quelques peines, eſtans
rédus inhabiles à toutes charges
en l'Ordre, ceux qui ne le vou-
droient receuoir; Et ce fut lors
que la Prophetie du Pere ſainct
François d'Aſſiſe fut accomplie,
qui de ſon viuant ne pouuant
faire accepter ceſte rigueur de
vie à ſes enfans, qui s'excuſoient
ſur leur extreme pauureté &
mendicité: leur dit, qu'il vien-
droit vn autre apres ſoy qui le
feroit. Tant y a que ſa Reigle
ainſi confirmée, luy fut apportée par les Peres François Binet
& Louys Luſtan, par leſquels
auſſi il auoit fait ratifier aux Religieux de la Trinité du Mont,
le priuilege qu'il leur donnoit
en faueur des Roys de France,
que ce Conuent ſeroit affecté à
la nation Françoiſe. Ce qui fut
ordonné non ſans vne ſpeciale
addreſſe du S. Eſprit, qui a vou-

lu que l'innocence, probité, &
pureté des Religieux François,
feruit de luftre aux Ordres Religieux en cefte celebre maifon.

*Treſpas de noſtre Pere S. François
de Paule.*

CHAPITRE XIX.

TOutes ces chofes faincte-
ment & fagemét eftablies
par le fainct Patriarche, il fe
difpofa à vne glorieufe & honorable fin, dont il euft aduis &
reuelation long-temps deuant,
par vn priuilege affez ordinaire
aux fainctes ames, quand elles
minutent le deftachement de
ce corps mortel. La tradition
des Peres de l'Ordre ne nous a
laiffé aucune memoire de fes

extatiques & plus feruens exercices, en ceste saison qu'il s'ap-
prochoit de la gloire du Ciel: sinon qu'elle nous a signalé le
iour & an, auec quelques autres
circonstances de son doux &
amoureux trespassement, qui
fut plustost causé d'vne saincte
langueur, qui est l'vn des effects
d'vn excez d'amour diuin, que
non pas d'aucune maladie violente. Il est toutefois bien veritable, que le venerable vieillard
en l'aage de quatre-vingt vnze
ans, chargé d'ans & de gloire,
fut saisi d'vne petite fiebure, le
iour du Dimanche des Ra-
meaux, qui estoit le vingt-hui-
ctiesme du mois de Mars, en
l'an 1507. Et bié que ceste maladie n'eust esté en vne autre personne que santé, ce neantmoins
la prophetie qu'il auoit donnée
de sa mort prochaine, cest aage

tout caſſé d'auſteritez & abſtinences ſi demeſurées, qu'il viuoit plus par la grace & charité de Dieu, que non pas par le cours ordinaire dès ans, & l'extreme deſir & impatience dont ſon ame eſtoit trauaillée de ioüir de ſon Dieu, firent croire qu'elle luy ſeroit mortelle. Ses diſciples & enfans eſplorez ſur la perte de leur ſainct Pere & Paſteur, qui auoient eſpreuué les merueilles d'vn homme, qui meritoit de ne mourir iamais, & de viure iuſques à la conſommation des ſiecles, s'il eſtoit poſſible, s'efforcerent de prolonger ſa vie tant qu'ils peurent par les regimes & remedes ordinaires de l'art de Medecine. On le preſſa auſſi d'vſer de viandes en l'extremité de ceſte maladie derniere, ſuiuant la permiſſiõ qu'il en a don-

S. Fran-
çois ne
veut a-
ualler
viande.

née à ſes Religieux par ſa Reigle,
en tel cas. Mais ſçachant que
noſtre Seigneur l'appelloit à
ſoy, & que ces remedes luy ſe-
roient plus nuiſibles que profitables, pour le grand degouſt
qu'il en auoit, à cauſe qu'il n'en
auoit vſé depuis qu'il fuſt dans
le deſert, il les refuſa : ſurquoy
comme les Peres luy euſſent dit,
que pluſieurs de ſes Religieux
pourroient faire indiſcrette-
ment, ce que l'on ne doutoit
point qu'il fit ſans l'expreſſe volonté de Dieu, il prit quelques
bouchées de viande qu'il n'a- ^{Sa diſ-}
ualla pourtant, pour calmer par cretion.
ce ſien exemple les conſcien-
ces ſcrupuleuſes des ſiens, qui
en conſequence du vœu de la
vie quadrageſimale obligeant
en tout temps fors qu'au cas de
maladie, feroient à ſon imitation difficulté d'vſer des reme-

des naturels , dont Dieu veut
que nous nous feruions en cas
de maladie , crainte que nous
ne foyons repris comme homi-
cides de noftre propre vie , en
vne fi opiniaftre & rigoureufe
obferuance de cefte aufterité,
qui nous oblige en femblable
occurrence. Or nonobftant fa
maladie, il ne laiffa de celebrer
la fefte de Pafques au Ieudy
fainct auec fes freres, & pour
ceft effect affembla, comme il a
ordonné en fa Reigle, tous fes
Religieux capitulairement en
vn lieu conuenable que l'on
tient auoir efté la Sacriftie du
Conuent du Pleffis lez Tours,
y eftant encores les marques de
l'embrafement du plancher qui
donna occafion d'vn miracle,
car il prit là vn refchaud de fer
tout rouge entre fes mains, ce
pendant qu'on eftoit allé querir

Sa deuo-
tion au
Ieudy S.

des tuilleaux pour mettre deffous, crainte que le feu ne fit
plus de degaft, que l'on n'y en
voit auiourd'huy en vn endroit
qui eft grillé & couuert reueremment en memoire d'vn fi fi-
gnalé miracle. Là il fit vne belle
& affectueufe remonftrance, laquelle eft le teftament auquel
il laiffa l'heritage de fon efprit à
fes tref-chers enfans

Cefte exhortation faicte d'vn
accent pathetique, anima les efprits des fiens, d'vn nouueau
defir d'accroiftre en perfection,
quant & quant le regret & def-
plaifir de perdre leur bon Pa-
fteur. Au fortir du Chapitre il
fut à l'Eglife entendre la faincte
Meffe, où il communia folem-
nellement auec tous fes Religieux de la main du Superieur *Cere-*
local, fuiuant la loüable cou- *monie*
du Ieudy
ftume prattiquée en memoire *fainct.*

de l'inftitution de la fainéte Eu-
chariftie en tel iour. Cefte deuotion fe paffa auec les ceremonies ordinaires en fon Ordre:
fçauoir le cordon au col, en pro-
teftation & recognoiffance du
fouuerain domaine, qu'a l'autheur de vie que l'on va receuoir au fainét Sacrement, fur la
noftre, dont il difpofe beaucoup
plus abfolument, que ne fait pas
le Seigneur temporel de celle
des fujets condamnez pour
leurs meffaiéts au dernier fup-
plice, du nombre defquels
le fainét Patriarche a voulu que
les fiens fe tinffent & creuffent
eftre toutes & quantefois qu'ils
approcheroient de la table de
N. S. & fpecialement aux Fe-
ftes prefcrites par la Reigle &
conftitutions. Apres la fainéte
Meffe, le fainét homme fe retira en fa celle iufques au fen-

demain matin qui eſtoit le
Vendredy ſainct, auquel il appella derechef ſes Religieux,
pour ordonner d'vn Chef &
Superieur en ſa place. Ce fût en
ces termes, Vous vous ſouue-
nez bien mes chers enfans, de
ce que ie vous ay tant & tant
recommandé, la charité enuers
Dieu, vous meſme, & le prochain, & n'eſt beſoin que derechef ie vous exhorte à ceſte
Roine des vertus, laquelle en-
noblit toutes nos œuures, ſans
laquelle elles ſont languiſſantes
& ſans merite quelconque. D'a-
bondant vous ſçauez qu'à l'i-
mitation de noſtre Sauueur Ieſus-Chriſt, qui ſortant de ce bas
monde pour aller à Dieu ſon
Pere laiſſa S. Pierre pour guider
ſon troupeau, il eſt expedient
que ie pouruoye d'vn maiſtre &
ſeruiteur en ceſte petite & hum-

ble congregation, Maiſtre pour
corriger le mal , & aduancer le
bien , Seruiteur pour ne s'enfler
& s'en faire accroire en ſuitte de
la Prelature & Superiorité. Noſtre Sauueur nous a alloüé & approuué ce reiglement, quand
parlant à ſes Apoſtres , il leur
diſt , vous m'appellez Maiſtre &
Seigneur & faictes bien, & en
vne autre rencontre parlant de
ſa ſaincte & diuine perſonne, il
diſoit, le Fils de l'Homme n'eſt
venu pour eſtre ſeruy, mais pour
ſeruir.   Parquoy ie vous prie
tous , qu'encores qu'apres ma
mort , vous ayez droict & pouuoir de faire election , de qui
bon vous ſemblera, ce neantmoins vous me rendiez ce dernier deuoir , en recognoiſſance
de l'amour dont ie vous ay tous
éleué & chery en N.S que d'accepter de ma part le R. P. Ber-

nardin de Cropulatu , que ie
vous nomme pour Superieur
general en ma place , iufques à
ce que vous puiffiez vous affem-
bler à Rome en vn Chapitre
General , au pluftoft que faire
fe pourra , fans attendre le
temps prefix en voftre Reigle,
ou auec plus meure deliberation , & plus pleine fatisfaction
de toute la petite Congregation,
l'on pourra faire choix d'vn
homme felon l'efprit de N. S.
& de la fainéte Reigle, que ie
vous exhorte d'accepter & garder en la forme & teneur, qu'elle a efté confirmée par le fainét
Siege, ainfi que le R. P. Binet
vous affeurera : comme auffi de
ce qui eft de mon intention &
volonté, aux difficultez qui peuuent fe former , tant fur le contenu en ces Chapitres de ma
derniere Reigle, que pour ce

qui concerne le *Correctorium*, &
plus specialement le vœu de la
vie quadragesimale ; & la benediction du Ciel descende sur
ceux là qui zelerõt la reception
de ce vœu , dont l'estroitte obseruance sera la garde de la saincte Religion , qu'il a pleu à la
misericorde de N. S. que ie fon-
dasse. Allez mes enfans en paix.
Les Religieux se pésoient con-
gedier , pour pouuoir donner
cours à leurs larmes & sanglots,
que la presence de leur sainct
Patriarche estouffoit dans leurs
poictrines , quand l'humilité du
R. P. Bernardin de Cropulatu,
renoüa les discours , & prolon-
gea l'affaire: car il se mit à genoux , le suppliant auec larmes,
de le dispenser d'vne telle charge, qui ne pouuoit estre que preiudiciable à tout l'Ordre, encor
plus à sa pauure ame , qui plie-
roit

Humili-
té du
premier
Vicaire
general.

roit en sa foiblesse pretenduë
sous vn si pesant fardeau; & que
d'ailleurs il ne se cognoissoit
doüé de grande suffisance & capacité, comme plusieurs de l'assemblée. Mais le sainct Patriarche ne voulut accepter ces excuses, disant que la science en-
floit, & la charité edifioit, qu'au
reste il sçauoit par l'experience
de sa propre personne, ce que
pouuoit l'esprit de N. S. auec la
mediocre suffisance, probité &
simplicité de mœurs. Lors il luy
assigna deux autres Peres, pour
luy seruir de conseillers en la
conduite du petit troupeau, auquel derechef il addressa ses
dernieres paroles pleines d'a-
mour. Et vous autres mes enfans, souuenez vous bien tout
le temps de vostre vie, que la
Religion est fondée en obedience, pauureté, chasteté, &

M

obseruance de la vie quadragesimale. Pour la pauureté, le Souuerain Monarque du Ciel vous
enrichisse de son eternelle sagesse: pour la Chasteté, qu'il vo?
face regorger des delices spirituelles de sa diuine possession:
pour la vie quadragesimale, qu'il
vous rassasie des mets sauoureux
de la gloire du Corps. Et finalement en contre-change de la
prompte obeissance, qu'il vous
mette le sceptre en la main, & le
diademe en la teste, vous in-
stallant sur les 12. sieges, pour iuger tout le monde: voire mesme les Anges, Apostats, & Pre-
uaricateurs vos ennemis iurez.
Ces derniers propos furent con-
clus par sa benediction qu'il
leur departit, Au nom du Pere
& du Fils, & du S. Esprit. La
trouppe des Freres congediée,
resterent dans sa cellule quel-

ques Peres des plus apparents,
pour y voir & remarquer l'heureuse, pretieuse, & desirable
mort du sainct homme, dont la
face alloit petit à petit se cou-
urant d'vn doux plaisir; à ceste
sortie d'vne ame comblée de
grace & de gloire, & au lieu
qu'és autres hommes, le corps
se sent des douloureuses & vio-
lentes conuulsions du diuorce
forcé par la maladie mortelle,
le sien deuenoit plus gay, beau,
& florissant, iusques à ce que
l'heure de Midy sonnante (qui
estoit iustement l'heure qu'ex-
pira nostre Seigneur sur le dur
chaslit de la Croix) les Anges
vindrent à escadrons s'empres-
ser dans ceste estroicte celle,
pour éleuer ceste saincte ame au
sejour de la gloire : les dernieres
paroles qui furent formées par
ceste bouche prophetique, fu-

Mort du Sainct à la mesme heure que N. S. mourut.

rent celles là mesme du Fils de Dieu, quand il ietta le dernier souspir, *In manus tuas Domine, commendo spiritum meum* : apres lesquelles precisement son ame, qui estoit sur ses levres toutes pourprines de charité, s'enuola dans le Ciel, où les esprits bien-heureux estoient aux allegresses, cependant que le Conuent estoit noyé dans ses larmes, la ville de Tours plongée dans la tristesse, & toute la Cour du Roy couuerte de dueil sur vn trespas si inopiné.

Miracles faicts à son enterrement, & peu apres sa mort.

CHAPITRE XX.

LE corps sainct fut aussi tost porté dans l'Eglise, où il fut

par l'espace d'onze iours entiers, respendant vn baume de-
licieusement odorant dans ce
petit vaisseau, qui ne desemplis-
soit point ny iour, ny nuict, pour
la grande affluence du peuple
de France qui y accouroit de
toutes parts, en intention d'y
voir l'epitome & le raccourcy
des merueilles, que le Ciel auoit
deployé tout le temps de la vie
du Sainct Thaumaturge de son
siecle. L'on y peust voir la veuë
s'y rendre aux aueugles, l'oüie
aux sourds, la parole aux muets,
les boiteux estre redressez, les
malades guaris, sans parler de
la continuelle merueille du S.
corps, qui estoit de iour à autre
croissant en beauté, deuenant
plus vermeil, plus gay, plus
frais & odorant, nonobstant
l'extreme & estouffante chaleur d'vne si grande presse de

Miracles
du corps
sainct.

M iij

peuple, telle qu'eſtoit celle qui fuſt entretenuë iuſques à l'vn-zieſme iour : auquel pour ob-uier à l'importunité qu'en re-ceuoit le Conuent par telles deuotions, il fut mis honora-blement en terre, où il demeura par l'eſpace de 55. ans apres ſon treſpas ſans corruption ou alte-ration quelconque, enfoüy dans terre à la mode de France, ſi qu'enuiron l'an 1562. qui eſtoit iuſtement le 55. an apres la mort du Sainct, les Proteſtans qui rauagerent d'vne fureur ſacrile-ge & dénaturée les Egliſes & lieux de deuotion, n'eſpargne-rent point ce corps ſainct, non plus que celuy du glorieux S. Martin qu'ils venoient de bru-ſler, & celuy du Roy Louys vn-zieſme qu'ils auoient déterré, bruſlé, & indignement traicté. Car ayans ſceu que ce ſainct

Lequel eſt gar-dé entier 55. ans.

Cruauté des Pro-teſtans.

personnage estoit glorieux au
lieu de sa sepulture, ils y ac-
coururent, & ayans leué la tombe qui estoit sur son tombeau,
trouuerent le corps du Sainct
aussi frais, entier, & vermeil, que
lors qu'il fut mis dans le Cer-
cueil. Ce qui certes deuoit a-
mollir leur courage felon, mais
au contraire en fust plus allumé
le feu de leur rage, & en telle
sorte qu'y ayant remarqué vn
assez beau Crucifix en relief, ils
le firent mettre bas pour en faire des esclats, desquels les sainctes reliques furent bruslées dãs
la chambre des hostes du Conuent; ainsi celuy qui de son viuant auoit tant desiré le martyre, ne perdit point l'effect de ses
souspirs & attentes, apres vne si
rare prerogatiue, & celuy qui
durant le long espace de sa vie,
auoit esté configuré en son ame,

Corps
du S.
bruslé
d'vn
Cruci-
fix.

M iiij

& son corps à son Dieu cruci-
fié par l'excez d'vn bruslant
amour, merita d'estre consom-
mé apres sa mort sur le mesme
bucher, qui fit vomir des feux
d'vne si excessiue charité au
Dieu de l'amour eternel & per-
durable. Tant y a que toutes ses
reliques que la terre & les vers,
par dispensation du Ciel auoient
respecté, pour la saincteté de celuy dont elles estoient les par-
celles, n'eschapperent la fureur
& la rage des Heretiques incen-
diaires, excepté quelques ossemens, qui par mesgarde ne furent bien reduits en cendre, &
furent recueillis par vne saincte
populace qui s'y rencontra par
occasion. Elle en fit apres les
guerres restitution aux Peres,
qui les distribuerēt en plusieurs
Conuents des plus signalez de
l'Ordre, par lesquels N. S. fait

tous les iours des signalez miracles. Il y en a vne parcelle richement enchaffée au Conuent,
que fa protection a efleué dans
la ville de Paris, ou des fpeciales
affiftances enuers ceux qui la
venerent, fe font veuës & s'ef-
preuuent de iour à autre. Ie laiffe aux Hiftoires plus exactes &
plus longues de fa vie à fpecifier
les miracles qui fe font faits aux
funerailles, & tombeau du fainct
Patriarche : & remarqueray
feulement vne aduenture memorable, au fujet d'vne pierre
qu'il falloit pour couurir fa fe-
pulture. Cefte pierre d'vne remarquable groffeur & pefan-
teur, n'auoit du viuant du Pere
S. François peu eftre trainée par
dix paires de bœufs, là où fi toft
que le maiftre à qui elle appartenoit l'euft accordée aux Religieux pour feruir à la conftru-

M v

Reliques du Pere S. Fran-
çois au Conuent de Paris.

Miracle en vne pierre pour le tôbeau du S.

ction du sepulchre du S. homme, elle deuint si legere que
deux bœufs la trainerêt fort aisement. Tant nostre Seigneur
auoit imprimé de respect enuers
l'innocence de son seruiteur
aux creatures, que les inanimées
sembloient estre pleines de sentiment, pour rechercher les approches de ses Reliques. Or
dautant que nous n'auons point
encor depeint la physionomie
de ce prodige de saincteté, ceux
qui ont eu l'honneur de sa fami-
liarité & conuersation, ont
laissé par escrit qu'il estoit d'vne
belle prestance, de taille vn peu
plus que mediocre, le visage
graue & serieux, le teint vermeil, nonobstant ses rigueurs
& austeritez de viure, dormir,
& trauailler, le nez aquilin : En
sa ieunesse il auoit les cheueux
blonds, & au declin de son aage

blancs comme vn Cygne. Il portoit la barbe longue, & les cheueux aussi flottans sur ses espaules, qui n'excedoient par trop
vne iuste & seante longueur;
encor que iamais il ne les ait
couppez, ce qui n'est sans miracle. Il estoit de forte & robuste
compléxion, qui s'entretenoit
par le trauail manuel, & quoy
qu'il s'appliquast à des exercices tres-vils & rudes, ce neantmoins il ne laissoit d'auoir les
mains belles, blãches, nettes, &
douces, ainsi que la charnure de
ses pieds, qui ne se virent iamais
offencez par l'aspreté des chemins, pointes des espines, dure-
té des pierres, ny salis par la
fange ou ordure, sur laquelle il
cheminoit par occasion. Il vsoit
quelquefois de socques, & plus
souuent estoit tout nuds pieds.
Il est dit au procez de sa Cano-

S. François estoit odoriferant.

nization qu'il estoit odoriferant, comme s'il eust esté naturellement parfumé d'ambre gris ou de musc ; il deuint vouté sur ses vieux ans, & fut contraint de se seruir de baston, parquoy on le peint tousiours auec. Il vescu nonante & vn an en tout, dont il passa vingt-six ans en France, & soixante-cinq en Italie, lieu de sa naissance : car il estoit desia tout chenu & se seruoit de baston quand il vint en ce Royaume, ce qui donna occasion au Roy Louys XI. de l'appeller son Bon-homme, d'où est deriué le nom de Bons-hommes attribué aux Religieux de son Ordre. Sa vie fust si saincte & prodigieuse, & son sepulchre si glorieux que le Pape Leon dixiesme peu apres son trespas, sçachant que le Pape Iules auoit fait faire des enquestes pour sa

Canonization , laquelle il ne peut pas faire estant preuenu de mort, le beatifia, permettant de celebrer son office par tous les Conuents de l'Ordre , comme d'vn sainct Confesseur, peindre son Image en toutes Eglises (ce qui ne s'estoit gueres encor veu en prattique deuant la Canonization.) En fin il fut canonizé par le susdit Pape Leon X. le premier de May l'an 1519. vnze ans seulement apres son trespas, à l'instance du Roy François I. qui fournit aux frais , pour n'estre mescognoissant du miracle de sa naissance, & d'vn sien fils, qu'il eust aussi par vœu fait à la memoire du Sainct fraichement decedé, auquel il donna le nom de François , & mourut Dauphin , promettant merueilles à la Frãce s'il eust vescu. Plusieurs Souuerains , Princes , & Sei-

Beatification du S.

gneurs, Republiques, Villes,
& Prouinces s'employerét pour
ſa Canonization, laquelle fut
la plus magnifique & celebre
de toutes celles, qui iuſques à
ce temps là furent veuës en l'E-
gliſe de Dieu. Les procez verbaux & informations authentiques, deſquelles sõt tiréestoutes
ces choſes que nous auons eſ-
crites, ſont ſi pleins de miracles,
que c'eſt choſe preſque incroyable, n'eſtoit que les teſmoigna-
ges y ſont irreprochables & en
grand nombre. Noſtre Seigneur
meſme a voulu atteſter la verité de ſes miracles par d'autres,
ainſi qu'on lit dans les informations faictes par le commandement de Iules II. d'vn certain
Manant de Fleuuefroid proche de Paule, lequel ſe mo-
quant des miracles que le bruit
attribuoit à la ſain(teté de

l'Hermite nouuellement descouuert, prit resolution d'es-
preuuer ceste puissance de faire
miracles au sujet d'vn petit agne-
let qui luy auoit esté donné
tout egorgé par vn sien amy. Ie
m'en vay voir ce luy dit-il, si
l'Hermite frere François resus-
citera bien ceste petite beste,
pensant se rire, il monte à che-
ual, & y met à l'arçon de la selle
ce petit animal ; mais à peine
eut-il pris la route de Paule, que
le voicy qui commence à beé-
ler , & à se demener rudement,
comme voulant se desgager des
liens qu'il auoit aux pieds : le
païsan fut merueilleusement
estonné de cet accident inopiné ; & saisi de crainte , doutant
si ce n'estoit point quelque pre-
stige , s'en reuint à la maison où
il luy auoit esté donné , & le
presenta tout vif; ce qui mit tout

le village en eſmeute, & luy ap-
priſt d'eſtre vne autre fois plus
credule, & deferer dauantage
à la iuſte creãce & eſtime qu'on
doit auoir des Sainɔts. En voicy
vn autre apres la mort du S.
Vne fille frenetique nommée
Polyſſene, ayant receu guariſon
par l'application d'vn morceau
de l'habit du ſainɔt homme,
crainte qu'elle auoit de retom-
ber en ſon mal n'alloit plus ſans
ceſte relique. Vn iour arriua
qu'eſtant auec ſes compagnes
aſſez licentieuſes en paroles, elle s'oublia tant que de dire vn
blaſpheme, N. S. qui voulut
enſeigner auec quel reſpeɔt l'on
doit porter les reliques de ſes
ſainɔts ſeruiteurs, permit que la
relique diſparuſt, ſans qu'on
peuſt ſçauoir ce qu'elle eſtoit
deuenuë; la fille s'eſtant apper-
ceuë de la perte miraculeuſe de

cefte relique , qui luy auoit efté
fouftraicte par quelque Ange, fe
fouuint auffi-toft de l'offence
qu'elle auoit commife , pour laquelle elle fuft preffée d'vne fi
cuifante douleur, qu'elle fuft fe
ietter à deux genoux deuant l'I-
mage de la Vierge , la fuppliant
au nom de fon Fils, de luy faire
pardôner fon offence; elle n'euft
pas fi toft acheué cefte priere,
quevoicy la relique fe prefenter
deuant fes yeux , aux pieds de
l'Image , où il eftoit impoffible
qu'elle euft efté portée finon
par le miniftere des faincts Anges , qui ne pouuoient fouffrir
que les reliques de ce fainct,qui
auoit deuancé leur naturelle pureté par l'integrité de fa chair
vierge , fuffent portées irreue-
remment.

Miracles faicts au sujet de grandes Princesses pour auoir lignée.

CHAP. XXI.

CE ne seroit iamais fait à qui voudroit raconter tous les miracles qui se sõt faits apres sa mort, tant par ses reliques, que par l'inuocatiõ de son nom. En plusieurs Conuents de l'Ordre y a de ses bonnets, mãteaux, cordons, tuniques, pains & chã-delles benistes, dont les attou-chemens font des cures & deli-urances miraculeuses: & si fre-quétés, que toutes les fois qu'en presence de telles reliques l'on implore le secours du Sainct, l'on en reçoit des fauorables effects. Et notamment au fait des heu-reuses deliurances des femmes

enceintes , & benefice d'auoir
lignée entre personnes steriles ;
si qu'il n'y a rien plus commun
en Italie, France , & Espagne,
& autres païs où l'Ordre s'e-
stend , que de voir des petits
enfans, miraculeusement impe-
trez par vœux faits à Dieu & à
sainct François de Paule, portans l'habit ou couleur de son
Ordre par deuotion. Les plus
illustres maisons de l'Europe
ont eu des heritiers par l'entremise de ses merites. Et puisque
de son viuant il a bien eu ce credit enuers N. S. qui donne &
oste des enfans à qui luy plaist,
d'en faire auoir à la Duchesse
d'Angoulesme, qui porta le Roy
François premier, ce braue &
incomparable Monarque, Madame Claude de France fille du
Roy Loys douziesme,& espouse
dudit Roy François , eust Fran-

Cere-
monie
de faire
porter
l'habit
aux pe-
tits en-
fans.

çois Dauphin de France par ses mesmes prieres : sans doute le Sainct estant triomphant dans le Ciel, ne sera moins puissant apres sa mort à respandre telles faueurs sur les grands Seigneurs qui l'ont reclamé en la destresse d'vne si pressante afflictiō qu'est celle d'vn grand Prince, dont la gloire s'esteint à faute d'heritiers. Monseigneur le Duc de Montpensier, Prince pieux & vertueux, & Madame la Duchesse de Guise, pour lors sa digne espouse, ayans demeuré assez long temps sans pouuoir receuoir le fruict de leur alliance, en fin firent vœu à Dieu & au Pere S. François en l'an 1600. que s'il plaisoit à sa bonté de benir leur couche d'vn enfant, ils s'en monstreroient recognoissans, ce qu'ils ont fait: car ayant eu vne fille, qui est aujourd'huy

cefte belle & vertueufe Princeffe Madamoiselle de Mont-
penfier, ils n'ont ceffé de reco-
gnoiftre vn tel benefice en fondant des Conuents de l'Ordre,
en les dottant & affiftant de liberalitez & faueurs à toutes les
occafions & rencontres. Peu de
temps apres , Monseigneur le
Duc de Neuers, auec fa vertueufe & religieufe efpoufe, firent
porter l'habit de l'Ordre à leur
fils aifné Monfieur François de
Paule Duc de Rethel, qu'ils ont
impetré du Ciel , conforme-
ment au vœu qu'ils auoient fait
à Dieu & à fon feruiteur le B.
Patriarche S. François de Paule
en l'an 1605. qui fut auffi toft
fuiuy de l'effect de leurs efperá-
ces & attentes, par l'entremife
de ce S. en l'honneur duquel ils
ont auffi fait baftir & fondé vn
Conuent en leur ville de Ne-

uers, où la pieté, liberalité, &
splendeur hereditaire en leur
maison reluit autant qu'en aucun autre ouurage de la France,
pour magnifique qu'il puisse
estre.   Le regret extreme que
mon Ordre a ressenty en la mort
trop aduancée, & de Madame
la Duchesse de Neuers, le digne
parangon des plus rares parties
que l'on puisse admirer ou desirer en vne Princesse, & de Monsieur le Duc de Rethel aisné de
ses enfans, & gage pretieux de
l'amour & liberalité du Ciel sur
sa maison, m'arreste le fil de ma
plume en vn plus estendu recit
des glorieuses & heureuses esperances que la France en auoit:
& me suffit de dire, pour rendre
incroyable ce que i'en proteste
ressentir en mon ame, que si la
Frāce y a perdu, nostre Ordre a
eu aussi fort grāde part en cette

perte. Et N. P. S. François, fi ce
n'eft qu'il l'aye voulu retirer en
fa compagnie, en la fleur de fon
aage d'emmy les efpineufes
pointes d'vn fiecle fi trauerfé
qu'eft celuy d'auiourd'huy.

En l'an 1607. le tres-illuftre
Prince Souuerain Henry à pre-
fent Duc de Lorraine, imita cefte deuotion, & fift vœu à N. S.
& au glorieux Pere S. Fráçois de
Paule, qu'au cas qu'il pleuft au
Ciel de le fauorifer de quelque
lignée mafculine ou feminine,
il baftiroit le Conuent de noftre
Ordre, qui fe commençoit à
Nancy. Ce vœu fuft fait entre
les mains du Superieur, auec
tout plein de folemnitez & ceremonies. Mais ayant efté re-
monftré à fon Alteffe par des
perfonnes Religieufes, que les
promeffes gratuites faictes à
Dieu, luy font plus agreables, &

Vœu du
Duc de
Lorrai-
ne,

plus puissantes pour attirer ses
misericordes : elle prit resolution de faire trauailler au bastiment, sans attendre l'effect de
ses esperances. Le Sainct se re-
uancha de ses liberalitez : car
peu de temps apres, & neuf
mois precisement, à côpter iour
pour iour du renouuellement
de sa promesse, Madame la Duchesse son espouse, accoucha
d'vne belle fille, comblant ses
sujets d'allegresse & de ioye. La
deuotion de ce Prince enuers
le Pere S. François est telle, qu'il
l'appelle son Patron & Protecteur special, & qu'il a protesté
plusieurs fois, n'auoir iamais
imploré son secours en chose
pour grâde qu'elle aye peu estre,
qu'il n'ait ressenty les effects de
son grand credit dans le Ciel, &
de sa protection sur sa Couronne. Monsieur de Vaudemont
son

fon frere, eut pareillement recours aux merites de noftre S.
Patriarche, & ioignant fa deuotion à celle de fon Alteffe,
quant & quant fes liberalitez
à la perfection du magnifique
Conuent de Nancy, qu'il promit auec femblables folemnitez, merita d'auoir vn fils du
Ciel, que la nature luy auoit fi
long temps denié.

Ie pourrois charger ce Chapitre de quantité d'autres memorables affiftances du Sainct
fur des fignalées maifons, qui
manquoient d'heritiers à faute
d'enfans. Mais i'abbregeray cefte matiere, en recitant feulement deux exemples, l'vn fera
pris entre mille que nous pour-
rions rapporter d'Italie, & l'autre fort moderne & miraculeux
dans la Cour de la France. Celuy là ne l'eft pas moins, puifque

N

le Duc d'Vrbin eſtoit ja fort aduancé en aage, auquel ſelon
les indiſpoſitions naturelles, il
deſeſperoit d'auoir aucune lignée, n'euſt eſté que ſon peuple
& ville de Peſaro luy releua ſes
eſperances, par vn vœu qu'ils
luy conſeillerent de faire au Pere S. François, duquel pluſieurs
maiſons particulieres auoient
receu les faueurs en ſemblables
neceſſitez. Le Prince creut ceſt
aduis, & ſes ſujets ioignirent
leurs vœux à celuy de leur Prince ſi affectueuſement & deuo-
tement, qu'ils meriterent d'eſtre
reſpondus & exaucez du Sainct
qui leur impetra vn beau fils,
pour eſtre digne ſucceſſeur de
leur Prince, & la fermeté de
leur Republique. En recognoiſſance d'vn ſi ſingulier benefice,
furent enuoyez en l'an 1606. au

sepulchre du Sainct, deux Gentils hômes representans le Prince & son peuple, pour offrir leurs communes deuotions, & y laisser vne table d'argent où la merueille est representée en bosse.

Le dernier s'est veu nagueres en la personne de Madame de S. Georges, laquelle ayant esté fort long-temps auec Monsieur son mary, sans pouuoir auoir aucune lignée : en fin apres plusieurs souspirs eslancez dans le Ciel, & œuures de pieté & liberalité enuers nostre Ordre, fut recompensée par le Pere sainct François (auquel elle auoit donné vn Conuent) d'vn beau fils, à la naissance duquel toute la Cour a crié miracle, & a recogneu que le recours qu'on a aux Saincts, n'est pas inutile, comme quelques esprits libertins se

figurent. Ie ferme ce propos en
remarquant que les plus grandes maisons de la France ont des
redeuances à la saincteté du Pere S. François de Paule , pour
des speciales , & peut-estre miraculeuses protections , en la
naissance de leurs enfans. Comme l'on sçait en la maison de
Bourbon , de Monseigneur le
Prince qui a espreuué son credit
en la personne de Madame la
Princesse sa tref-digne , sage , &
vertueuse espouse. Et puisque
ses liberalitez tant enuers nostre
maison de la Place Royale à Paris, que de son Conuent de Bo-
miers , preschent assez le iuste
ressentiment que ce grãd esprit
de Prince en a: ie n'en diray rien
plus, pour parler aussi-tost de la
deuotion de Madame la Du-
chesse de Nemours, en la naif-
sance de Monsieur François

Paule de Sauoye leur fils, lequel
fut baptizé par feu Monseigneur
François de Sales Euesque de
Geneue, & tenu par deux pauures vestus de couleur de Minime, pour representer les Peres
de l'Ordre, lesquels ne peuuent
sans dispence du S. Siege leuer
& tenir sur les Fons aucuns enfans. I'eus cest honneur que de
m'y rencontrer en la compagnie du R.P. Oliuier Chaillou.
La ioye estoit incroyable dans
ceste illustre maison, ledit Seigneur Euesque nous en descou-
urit en sa personne vn motif particulier outre le general de la
maison de Sauoye, c'est de ce
que luy estant du tiers Ordre de
S. François de Paule, il eust ceste heureuse rencontre, d'impo-
ser le nom de son Patriarche à
vn Prince de la tige de Sauoye,
au seruice de laquelle il estoit

tant affectionné. Quantité d'autres illustres maisons reco-
gnoissent les mesmes faueurs,
que ie ne specifieray, pour en
auoir ja parlé en quelques-vns
de mes opuscules.

Autres miracles faits apres la mort
de noftre Pere S. François
de Paule.

CHAP. XXII.

IL y a cefte difference entre
les feruiteurs de Dieu illu-
ftres en fain&eté, & les efclaues
de la gloire mondaine, fignalez
en vertus & hauts faits d'eftat, ou
d'armes ; que les plus braues
Heros, les plus fuperbes Ce-
fars ou Alexandres, terminent
la monftre faftueufe de leurs
exploits quant & le cours de

leur vie, si que l'on peut dire
auec le Prophete Roy, que leur
memoire s'esteint & perit tout
à fait auec le bruit de leurs ex-
peditions : là où il n'en est pas
de mesme des Saincts & esleus
de Dieu, desquels la gloire, les
œuures, merites, & credit sont
eternisez par le Dieu d'eternité
apres leur mort : si que leur de-
ceds est vn excez de gloire, &
leur mort vne vie triomphante
en la creance & sentiment des
hommes. Cecy se iuge par les
miraculeuses operations de N.
P. S. François apres sa mort, lesquelles ont redoublé plus miraculeusement, & se font conseruées iusques à ceste heure, en
laquelle l'on espreuue combien
plus grand est son credit dans
le Ciel, que sur la terre. Et est
vne miraculeuse consideration
dans le flux continu de ses mi-

N iiij

racles, qu'année ne s'est escou-
lée depuis sa mort, en laquelle
l'on n'aye peu remarquer en
voir quelque miracle. I'en ay
sceu depuis que i'ay eu cest heur
que de porter l'habit de l'Ordre, plusieurs indubitables en
vne mesme année. Mais ne voulant rien icy laisser par escrit en
fait de miracles, qui n'ait esté
recognu pour tel par auctorité
superieure : ie remarqueray seulement ceux qui ont esté ja aue-
rez par la veuë du public, à
l'vsage duquel ils ont desia esté
mis en lumiere par des graues
Autheurs. Et pour ne grossir
trop ceste petite Histoire, ie re-
trancheray quantité de guarisons miraculeusement faictes en
plusieurs & diuerses maladies,
comme au sujet d'vne Dame
de Tours, laquelle s'estoit froif-
fée & brisée toute la poictrine,

dont elle sentoit de si douloureuses conuulsions, qu'on n'en
esperoit rien plus que la mort
prochaine. Elle resolut d'aller
au sepulchre du Sainct fraischement trespassé, auquel à peine
fust elle portée, qu'elle se sentit
toute guarie, & les ossemens bri-
sez, remis en leur entier. Iules
Bartuchio faisant trainer vne
piece d'artillerie de Cusance à
Paule, courut vn grand danger
d'auoir les iambes rompuës,
dautant que la piece roulant sur
la pante d'vne montaigne assez
roide, vint à prendre les iambes
de ce personnage proche d'vn
arbre, par le moyen des corda-
ges dont on se seruoit pour la
deualer petit à petit. Mais ayant
inuoqué le nom de S François,
le canon s'arresta sur la pante de
la montaigne, au plus fort de
son cours precipité, dont il ne se

N v

faut estonner, d'autant qu'il vit
S. François ou vn de ses Religieux, tenant la corde & arre-
stant la piece d'artillerie.

Plus remarquable fust le miracle qui s'ensuit en faueur de la
deuotiõ d'vne fême des enuirõs
de Tours, laquelle se voyãt chargée de son pauure mary nommé Bernard Prouenian, auquel
vn fascheux catharre auoit osté
la veuë, l'ouye, & la parole depuis vn mois, promist à Dieu
que s'il reuenoit en conualescence par les merites du P. S.
François, luy & elle prendroiẽt
le cordon du Tiers Ordre. N. S.
agrea tellement ceste sienne resolution, que deux heures apres
qu'elle fust formée en sõ esprit,
le pauure homme recouura l'entier & libre vsage de tous ses
sens.

Vn autre vœu fait pareillement

par vn lepreux de la ville de Gu-
fance, fuſt ſuiuy d'vne inopinée
& miraculeuſe guariſon. Et ce
qui ſurpaſſa toute admiration
fut vn miracle arriué en l'vn de
nos Conuents de Naples, au ſujet d'vn enfant mort qui y fuſt
reſuſcité. Ses parens pleins de
confiance en la Toute-puiſſance de Dieu, par l'entremiſe du
P. S. François, apporterent le
petit corſelet dans la Chappelle,
qui auoit eſté conſacrée au S.
nouuellement canonizé, mais
à peine l'eurent-ils poſé ſur l'autel, que l'ame ſe reioignant aux
membres garrottez & enſerrez
dans le ſuaire, le petit enfant
vint à ſe mouuoir & rouler ſur
l'autel, eſlançant des petits ſouſ-
pirs, & iettant des cris qui furent entédus auec ioye incroyable des parens, & admiration de
toute la compagnie preſente.

N vj

Ceste Histoire me fait icy sou-
uenir d'vn cas presque pareil,
arriué en la ville d'Amiens en
la personne d'vn petit enfant de
Monsieur Pioger, assez cogneu
en la Picardie, pour la charge
publique qu'il y exerce. Ce personnage auoit desia de l'obligation au Pere S. François, de ce
que ce sien enfant estoit venu
en ce monde, non sans vne particuliere assistance de ses inter-
cessions, & auoit esté conserué
en vne dangereuse maladie, dõt
tous les Medecins desesperoiết.
Ce que recognoissant il recou-
rut dautant plus affectiõnement
aux mesmes merites du S. que la
necessité en fust extreme, où il
se vit yn iour de Vendredy S. en
l'an 1613. Car cest enfant s'estoit
laissé tomber dans vn cuuier
plein d'eau, dont il fut iugé suf-
foqué & noyé, & tenu assez

long temps pour mort par les
Medecins & tous ſes amis, qui
eurent aſſez de loiſir d'accourir
à ceſte deplorable aduenture,
pour conſoler vn pere affligé ſur
vne telle perte d'vn ſien fils.
Vray eſt que les artifices de la
bien-diſance, ny la cõſideration
de ſes chers amis, ne peurent
tellement commander aux iu-
ſtes mouuements de ſon impatience, qu'il ne ſe deſrobaſt
d'eux pour aller former ſes
plaintes deuant la figure d'vn S.
François au naturel, qu'il auoit
dans ſa ſale, là il ſe ietta à genoux
& la face contre terre, plein de
confiance en la protection de
ſon ancien bien-faicteur, re-
clama ſon aide en ceſte ſienne
deſtreſſe : c'eſt voſtre enfant,
dit-il, ô benoiſt Pere S. François, conſeruez le, redonnez le
moy cõme vous me l'auez don-

Enfant
reſuſci-
té.

né, le Pere se leue & s'en va proche le corselet du petit enfant,
qu'on auoit mis le long du feu,
où si tost qu'il fust arriué il merita d'entendre le premier souf-
pir & respir de la vie redonnée à
son enfant. Ce cas aduint, lors
que ie demeurois à Amiens, &
ay veu outre les tesmoignages
du pere, de viue voix & par escrit ceux des Medecins, & autres
personnes qualifiées qui en ont
fait foy.

I'ay entrelassé ceste merueille
en cest endroit, sans intention
de rompre le cours de mon Histoire, à laquelle ie reuiens par
le narré d'vn fait bien signalé,
où l'on peut remarquer & la
cruauté familiere aux heretiques, & la miraculeuse conseruation du corps sainct du Pere
S. François, longues années
apres son trespas. Enuiron l'an

1527. l'armée Imperiale s'eſtant emparée de la ville de Rome, ſous la conduite du Duc de Bourbon, qui auoit ſon armée groſſie de quantité de Proteſtans, mille indignitez, cruautez, & felonies plus que barbares y furent exercées par ces eſprits, que Luther le nouuel Hereſiarque auoit ſataniquement allumez contre le S. Siege, & tous ſes fidelles & affectionnez enfans. Entr'autres lieux ſaincts où ils firent reſſentir la cruauté de leurs dénaturez excez, fut noſtre conuent dit de la Trinité du Mont, affecté à la nation Françoiſe, ſur lequel ils ſe ietterent de violence & furie, penſans y buttiner de grands threſors, Dieu ſçait quels indignes traictemens ils firent aux pauures Religieux qu'ils y rencontrerent, la felonie exercée en la perſonne d'vn Pere des plus remarquables, qui fuſt pour lors non ſeulemét au Conuent, mais meſme en l'Ordre, en atteſte aſſez: car comme ils ne trouuerent aucunes richeſſes dans la maiſon de la ſainⅽte pauureté & mendicité, ils s'attaquerent au R. P. Didier de la Mothe, qui eſtoit lors le Zeleur ou Procureur general de l'Ordre, le preſſant par mille martyres, de deſcouurir le lieu du threſor, ce que ne pouuant, dautant qu'il n'y en auoit aucun autre que celuy de la pieté & probité de vie; ils le lierent aux parties naturelles, & le pendirent à vn poteau, croyans que la douleur d'vn tourment barbaremét excogité, luy feroit changer de propos: mais en fin n'ayant peu tirer de luy autre parole, ſinon qu'il n'y auoit aucun threſor en

la maiſon, ils s'en allerent tous,
& le laiſſerent là ſuſpendu, où
il demeura iuſques à ce que l'on
le vint deſpendre. Ie vous laiſſe
à penſer quel excez de douleur,
& combien irremediable fuſt
ceſte maladie. Les Peres reuenus en la maiſon, employerent
tous les remedes poſſibles, pour
la guariſõ de ce perſõnage, mais
en vain, car la nature n'y pouuoit pas arriuer: toutesfois N. S.
qui ſe vouloit ſeruir de ce Pere
en la cõduite generale de l'Ordre, luy donna l'inſpiratiõ de recourir à ſa Toute-puiſſance, par
l'entremiſe de ſon Patriarche;
parquoy il ſe reſolut de venir à
ſon ſepulchre mendier ceſte
faueur extraordinaire. Or comme c'eſtoit vn Pere de marque
& d'authorité en l'Ordre, il
euſt le credit que de faire ouurir le tõbeau du S. dans lequel

il vit, & ceux auec qui il estoit, le corps sainct aussi frais & vermeil comme s'il fust venu de trespasser, il leua le mouchoir qui auoit esté mis sur sa face lors de son inhumation, & en mit vn autre en sa place, & tandis que l'on estoit aux admirations, loüanges & benedictions sur vne si rare merueille, il sentoit petit à petit sa descente remonter, si que lors que le tombeau fust refermé, il se iugea entierement guary.

Que si N. S. a par ceste merueille precedente descouuert combien estoit agreable à sa Majesté diuine la deuotion enuers le sepulchre du S. il a encor plus glorieusement gratifié le concours des peuples és Eglises de son Ordre aux iours de sa Feste: car en plusieurs endroits s'y sont veus des miracles, du nombre defquels fuft ceftui-cy qui y arriua dans la ville de Lef-che capitale la Poüille en l'an 1560. Vne femme de Lefche auoit vne fienne fille née aueu-gle, qu'elle ne manquoit tous les ans de mener au iour de la Fefte S. François de Paule au Conuent des Minimes. La per-feuerance de fa deuotion meri-ta en fin d'eftre efcoutée du haut du Ciel; car ceft enfant y receut la veuë au grand eftonnement d'vne foule incroyable de peuple qui s'y rencontra en tel iour. Or non feulement N. S. a fait dès miracles pour les particuliers par l'entremife du Pere S. François, mais mefmemét pour les bour-gades & Prouinces entieres. Aduint autre fois en Sicile, qui eft le grenier de toute l'Italie vne grande fechereffe, laquelle menaçoit tous les Infulaires &

Miracles fe font ordinai-rement à la Fefte de fainct Frãçois.

Aueugle guarie.

leurs voiſins d'vne famine ineuitable : l'on euſt recours aux
prieres & proceſſiõs publiques
en toutes les Egliſes. En fin la
deuotiõ s'appliqua à la glorieuſe memoire du P. S. François,
& pour ceſte cauſe le Clergé de
Catane y ordonna la proceſſion
en vn de nos Conuents ; l'heu-
reuſe rencontre voulut que l'on
pria vn Pere de la Compagnie
de Ieſus nõmé le P. Bernardin
de Catane pour y faire la predi-
cation, qui eſtoit fort deuot à
N. P. S. François. Ce Pere que
l'on tient auoir fait pluſieurs
miracles, employant le credit
de ce Sainct, qu'il honoroit
grandement, ſe laiſſant emporter aux ardeurs de ſon diſcours
pathetique, aſſeuré qu'il eſtoit
de l'effect qui deuoit ſuiure ſa
priere feruente, oſa bien con-
iurer en termes preſſans la cha-

rité de noftre P. S. François,
proteftant que ny luy, ny toute
l'affemblée ne fortiroient point
de l'Eglife, que leurs prieres ne
fuffent enterinées, & que le S.
ne leur euft donné de la pluye.
O rare merueille! le Ciel qui
eftoit lors fort ferain, s'obfcur-
cit & couurit à l'inftant de grof-
fes nuës, lefquelles venantes à
s'entrouurir, ietterent vne fi
prodigieufe & feconde quantité d'eaux, que la contrée fuft
autant, voire plus chargée des
biens de la terre, qu'aux années
precedentes.

Miracles aux figures du Pere S. François, & conclusion de ce liure.

CHAPITRE XXIII.

IE ne m'arresteray plus long-temps au deduit de ses miracles si frequens que tous les iours, & si ordinaires qu'à toutes les occasions ; apres que i'auray remarqué qu'en quelque endroit qu'il y ait de ses reliques, il s'y fait assez communement des merueilleux effects ; les Histoires plus estenduës de sa vie, & la memoire des Religieux de son Ordre en sont pleines. Voire mesme ses tableaux & figures, telles qu'auoit le susdit Pere Iesuite, duquel il couuroit ou operoit ses miracles. Mais plus

remarquables font les euene-
mens qui fe font veus en la
maifon du Comte d'Arenes, lequel ayant veu vn rayon fortir
d'vn tableau du fainct homme,
fi eclatãt que toute la maifon en
eftoit efclairée, iugea que N. S.
s'en voudroit feruir à la guarifon
d'vn de fes Chaftellains ; parquoy il le luy apporta, & le luy
defcouurant & faifant baifer
auec deuotion, il le tira d'vn
danger de mort que l'on tenoit
ineuitable, felon le cours de la
nature. Ce Seigneur ne pouuoit
eftre blafmable d'aucune temerité en cefte fienne intention,
dautant qu'il auoit efpreuué en
fa propre femme, ce que pouuoit le Sainct enuers Dieu. Car
vn de nos Peres luy ayant porté
& appliqué reueremment vn
bout de fa difcipline de fer fi
cruelle & fanglante, qu'elle

estoit esdentée en forme de scie, elle fust miraculeusement guarie d'vne toux, que l'on croyoit causée de pulmonie. C'est chose qui n'est arriuée vne seule fois à ses representations, que de ietter des rayons, & faire miracles : car vn Pere Chartreux dõt on taist le nõ, en a apperceu sortir des lumieres en la feruecur de son oraison. Et mesme le docte & celebre Predicateur Valderama, raconte d'vn certain Peintre, lequel voulut representer au naturel ce sainct Patriarche, mais ou ne pouuant arriuer par son art à la perfection desirée, ou mourant au beau milieu de son entreprise, laissa là tout l'ouurage imparfaict. N. S. ne voulãt que la deuotiõ de celle qui auoit mis en œuure ce Peintre, fust frustrée, enuoya vn Ange sous la figure d'vn Religieux Minime,

Minime, qui l'acheua si delica-
tement & au naturel, que l'on
pouuoit bié iuger que la legere-
té du pinceau códuit d'vne main
d'hóme, ne l'auoit peu ainsi por-
traire. Conclusion. Ie desirerois,
ô grand Dieu, que chose pareille m'arriuast, dautant que con-
fessant ingenuemét l'impolitesse
de mon langage à descrire ceste
histoire, i'aurois extréme besoin
de la sçauáte main de quelqu'vn
devos plus hauts Seraphins, pour
imprimer dans l'esprit dés fidelles, l'entiere & accomplie pour-
traiture des hauts gestes d'vn si
glorieux Thaumaturge. Ie m'at-
tends, ô mon Seigneur, que l'e-
loquence d'vn des plus releuez
Cherubins supplée à tous mes
deffauts , & que vostre grace
diuine enseigne interieurement
aux Lecteurs Catholiques , en
quoy est imitable ce Sainct , que

O

voftre fageffe a pofé dans fon
Eglife pour y eftre vne lumiere
efclattante: car fi l'onctiõ de voftre efprit ne va leur difcernant
ce qui eft admirable, d'auec ce
qui eft imitable, la lueur rayon-
nante de fi viues couleurs, les
éblouïra fi éperduemét, que leur
ame fleftrie & abbatuë de courage, ils fe laifferont en fin perfuader qu'il eft tout à admirer,
& non pas à imiter, fi bien coniointes ont efté les graces gratuites de voftre liberalité extraordinaire au fait des miracles,
auec les gratifiantes en la pra-
ctique des vertus.

Mais, puifque mon cher Lecteur nous fommes fur fes con-
fiderations, & puifque l'vne des
fins des fructueufes lectures, eft
l'imitatiõ des Saincts, ie te veux
fignaler en general fes heroïques & imitables vertus, en t'ad-

uertissant que le Ciel n'est pas
plus differemmēt parsemé d'es-
clairantes & brillantes estoilles,
ny la terre plus plaisammēt dia-
prée d'vn bigarré meslange de
couleurs, qu'est toute la vie par
nous descrite de la generalité
de toutes les vertus : chacune
presque des actions que nous
auons plustost remarquées que
discouruës, est vn centre où
les lignes de la circonference &
encyclopedie des vertus vont se
rendre. Ce sont des imitations
de Dieu en ses eternelles & il-
limitées perfections à diuers as-
pects & regards, d'vn biais vne
action est de charité, de l'autre
d'humilité : de celle-cy de prudence & discretion : de l'autre de zele & iustice : de celle-
cy de bonté & facilité : de
celle-là d'authorité & de rigueur. La ialousie qui est entre

toutes les vertus Chrestiennes à
s'attribuer les actions du Sainct,
est composée par vn reiglement
general, qui est que toutes seront égallement commandées
& seruies par elles toutes.
Ie supplie le mesme Dieu des
vertus, de te donner la grace de
si bien profiter en la lecture de
ceste vie raccourcie, que tu de-
uienne amoureux d'vne incomparable perfection, admirateur
de tant de merueilles, & plus zelé imitateur de si nobles & me-
ritoires actions, Car ce sera le
moyen d'auoir bonne part en
pareille gloire, qu'est celle-là
dont nostre Seigneur va releuant la bassesse des siens, enrichissant leur pauureté, enno-
blissant leur mespris, & recom-
pensant liberalement leurs tra-
uaux en la poursuitte des Chrestiennes & religieuses vertus.

Faictes Iesus que iamais d'autre flamme
N'arde mon cœur que d'imiter ce Sainct:
Que des vertus vn tel moule y empreint
Forme mes mœurs, enrichisse mon ame.

Ainsi soit-il.

BRIEFVE

ET SOMMAIRE

CHRONIQVE DE

l'Ordre des Minimes, où le Lecteur curieux pourra apprendre sa naissance, progrez, estenduë, conduite, & police, nombre des Generaux, Hommes illustres, Prouinces, & Conuents.

Par le V. P. FRANÇOIS VICTON, *Religieux du mesme Ordre.*

A PARIS,

Chez SEBASTIEN CRAMOISY,
ruë S. Iacques aux Cicognes.

M. DC. XXIII.
Auec Priuilege, & Approbation.

PREFACE.

ON cher Lecteur ie te donne en ce petit traicté ce que plusieurs fois des personnes de qualité m'ont importunement demandé, ie l'auois tracé plustost afin de le donner à transcrire, pour la satisfaction de ceux desquels i'en pourrois estre requis, que non pas pour le mettre sous la presse. Neantmoins d'ailleurs i'ay esté conseillé de le faire pour plusieurs considerations, particulierement pour desabuser les esprits trompez par la lecture de certains Autheurs, qui ont voulu discourir de la police & institut de nostre Ordre, en parlant à perte de veuë. Tu peux bien croire que ie n'ay peu me proposer en vn si petit trauail aucun honneur, ains seulement le contentement des

O v

esprits sainctement & religieusement curieux, qui y pourront remarquer que nostre Religiõ est vne armée
d'ordonnãce, & qu'elle n'est sans sujet appellée Ordre, puisque tout ce
qui concerne sa manutention y est
auec vn si bel Ordre, sagement conduit & addreßé à sa derniere fin,
laquelle n'est autre que la gloire
eternelle, où ie prie le souuerain
Seigneur de placer selon l'estenduë
de ses infinies misericordes. Ainsi
soit-il.

BRIEFVE
ET SOMMAIRE
CHRONIQVE DE

l'Ordre des Minimes, où
le Lecteur curieux pour-
ra apprendre sa naiſſan-
ce, progrez, eſtenduë,
conduite, police, nom-
bre des Generaux, Hom-
mes illuſtres, Prouinces,
& Conuents.

§. I.

Inſtitution & confirmation
de l'Ordre.

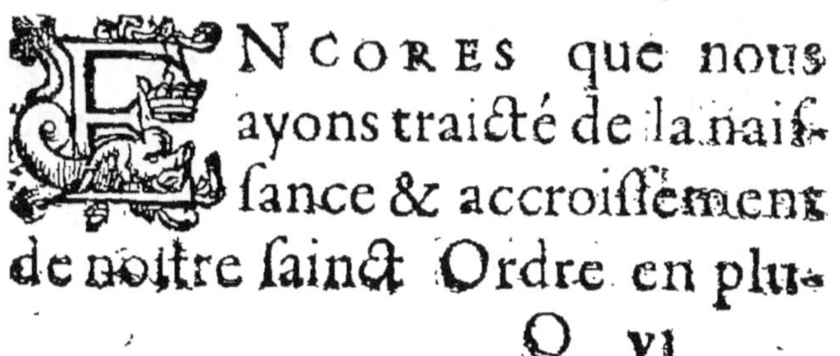

NCORES que nous
ayons traicté de la naiſ-
ſance & accroiſſement
de noſtre ſainct Ordre en plu-

O vj

sieurs endroits de la vie raccourcie de nostre glorieux & Thaumaturge Pere S. François. Ce
neantmoins pour mettre plus
clairement en euidence l'ordre
de la Chronologie, il nous faut
remarquer

1. Que l'Ordre commença en
Calabre proche de la ville de
Paule, en vn petit bois ou vigne
qui appartenoit de succession
au Pere S. François, l'an 1435.
& le 19. de son aage, où il bastit
vn Oratoire en l'honneur de S.
François d'Assise.

2. Que l'Ordre du commencement estoit en forme de communauté d'Hermites, en laquelle on vescut sous l'authorité &
protection de ce grand & signalé Prelat Pyrrhe Archeuesque
de Cosence, dont le nom doi
estre d'eternelle memoire, pou
auoir esleué si fauorablemen

ceste ieune plante de nostre
naissante Religion.

3. Ce sainct Prelat se iugeant
(par excez d'humilité) indigne
d'auoir en son gouuernement
de si saincts personnages , tels
qu'estoient le Patriarche Sainct
François & ses premiers disciples , les dispensa de sa Iurisdiction apres leur auoir accordé
tous les priuileges & faueurs
possibles, les remettant sous la
protection du sainct Siege, ce fut
en l'an 1471.

4. Sixte IV. ayant deputé vn
de ses Chambriers pour cognoistre de la saincteté & miracles
de nostre nouueau Patriarche,
confirma ce qu'auoit fait l'Archeuesque Pyrrhe en l'an 1473.
& depuis par ses Bulles en datte
de l'an 1474. les dispensa de la
iurisdiction des Ordinaires , &
leur communiqua tous les pri-

uileges des Mendians. Ce qui a
esté confirmé par Innocent huictiesme en l'an 1485. Iules deuxiesme en l'an 1506. & Pie cinquiesme, qui en fin mit nostre
Ordre au nombre des Men-
dians en l'an 1567.

§. 2.

Noms attribuez à l'Ordre.

1.   Du commencement les Religieux s'appelloient Hermites
de Frere François de Paule, ce
qui dura iusques à l'an 1492. auquel temps Alexandre VI. leur
changea le nom en celuy de
Minimes.

2.   Ce nom agrea fort au Pere
S. François, à cause de l'humilité qu'il signifioit, il y adiousta
toutesfois la denomination de
Iesus-Maria, pour la grande de-

uotion qu'il auoit à ces noms,
autant adorables aux hommes
& aux Anges, que redoutables
aux Enfers. Genebrard fait
mention de ce surnom en sa
Chronologie, & autres bons
Autheurs.

3. Depuis la Canonization du
Patriarche S. François, l'Ordre
fust surnommé des Minimes de
S. François de Paule.

4. Ce qui vint de la coustume
d'Italie, où l'on appelle les Religieux du nom de leur Instituteur, ainsi dit-on les Peres de S.
François de Paule pour dire les
Minimes.

5. Ils ont eu diuerses autres ap-
pellations: en France on les dit
Bons-hommes, de ce que nos
Roys ne nommoient autremét
le Sainct vieillard & Instituteur,
que le Bon-homme, nom qui
a esté par coustume attribué à

tous les Religieux en France.
6.   En Espagne ils sont dits les
Peres de la Victoire, en memoire de la miraculeuse expulsion
des Maures infidelles , par les
merites & prieres du Pere S.
François, qui y enuoya de ses
Religieux. Fait signalé deduit
cy dessus , & en nostre vie de la
B. Sœur Grace, Tertiaire de ce
mesme Ordre.

§. 3.

Les Reigles de l'Ordre.

1.   Le Patriarche S. François
qui alloit petit à petit formant
l'accomplie pourtraicture de la
perfection Euangelique sur la
table d'attente de son Ordre, fit
successiuement quatre Reigles
diuerses, dont les trois premieres furent confirmées par Alexandre VI.

2. La quatriefme compilée de toutes, reformée & expliquée de l'aduis & confeil des Peres plus graues de l'Ordre, fuft confirmée par le Pape Iules II. en l'an 1506. auec abrogation des fufdites trois, à la diligence & induftrie du fainct perfonnage le R. P. François Binet, ce fuft fix mois feulement deuant le trefpas du glorieux Pere fainct François.

3. Cefte quatriefme en comprend trois, qui furent confirmées & inferées en vne mefme & feule Bulle du fufdit Iules II. en datte du 5. deuant les Calendes d'Aouft, de l'an 1506.

Sçauoir la premiere qui eft pour les Religieux.

La feconde peu differente pour les Moniales ou Religieufes.

La troifiefme, pour les fidelles de l'vn & l'autre sexe restans dans le siecle, qu'on appelle du Tiers Ordre.

4. Ceste derniere Reigle n'est vne simple confraternité, mais vne vraye Reigle examinée & approuuée auec la mesme authorité que les deux autres propres de l'Ordre. En quoy se voit l'imprudence de ceux qui en parlent licentieusement.

5. Toutes ces Reigles n'obligent de soy à aucun peché, pas mesmes veniel, excepté l'obseruance des trois vœux de Religion, aux Freres & Sœurs des deux premieres Reigles, ausquels faut adiouster le vœu solemnel de la vie quadragesimale (hors le cas de grande maladie) qui est particulier à l'Ordre.

6. En consideration de ce quatriesme vœu & autres raisons,

l'Ordre des Minimes est tenu le plus austere de tous, tant de droit que par la declaration des Papes qui ont eu esgard à la perfection de la Reigle. Si que l'on n'en peut sortir pour entrer en aucun autre, pas mesmes des Chartreux, selon quelques vns, le tout bien pesé.

7. Ceste Reigle ne fut receuë qu'apres la mort de S. François, au premier Chapitre general tenu à Rome, l'an 1507. au 28. Decembre, où aussi fust acceptée l'obseruance de la vie quadragesimale en quatriesme vœu, car auparauant il n'estoit communement, que de precepte de Reigle.

§. 4.

Du Corre&torium *&* Ceremonial *efcrit par* S. François *de* Paule.

1. Outre ces fufdites Reigles le fain& Patriarche fçachant que fur deux piuots rouloit toute la police d'vn eftat Religieux, fçauoir la crainte des peines, & l'attente de la recõpenfe, croyãt auffi que la vertu feroit affez honorée dans la Religion, qui eft l'efchole de perfe&ion, dreffa vn petit corps de loix dire&iues & penales de fon Ordre, à l'inftar du droi& Canon, dont les termes font fouuent employez. L'on l'appelle communement le *Corre&orium.*

2. Lequel fuft examiné & approuué quant & quant les der-

nieres Reigles en mesme iour &
an, pour obliger les Freres &
Sœurs de l'Ordre.

3. Il ne fut accepté qu'au quatriesme Chapitre General tenu
pour la seconde fois à Rome en
l'an 1517. auec declaration d'authorité Apostolique.

4. Quant au Ceremonial, il y
fust pareillement receu, & tient-
on qu'il fust dressé d'assistance
particuliere de Dieu par sainct
François.

§. 5.

La police de l'Ordre.

1. L'Ordre est tressainctement
estably sur les rapports des sujets
aux Superieurs immediats, &
d'eux aux Superieurs supremes.
Tous s'appellent Correcteurs,
quoy que le nom soit demeuré

par vſage aux ſeuls Superieurs
locaux, aux maiſõs formées: car
les Correcteurs Generaux &
Prouinciaux, s'appellent communement Generaux & Pro-
uinciaux, ſous-entendant touſ-
jours le propre nom generique
de Correcteur, qui eſt vn nom
de charge, exercice, & office, &
non pas de dignité, preeminen-
ce, ou authorité, comme Prieur,
Prelat, Prefect, Recteur.

2. Les Correcteurs dependent
des Prouinciaux, ceux-cy releuent du General, celuy cy n'a
de Superieur que le Pape, &
moderateur en partie le Protecteur de l'Ordre, nommé par ſa
Saincteté du College des Cardinaux.

3. L'eſprit de la ſaincte humilité emporte le deſſus de toute la
perfection qui s'y obſerue: pour
lequel mieux entretenir, c'eſt

vne loy fondamentale & inuiolable de l'Ordre, que tout
Superieur doit estre tout au
moins autant sujet qu'il a esté
Superieur, s'il n'est esleué à vne
plus haute charge. Ainsi le Correcteur qui ne peut estre qu'vn
an en superiorité & dignité, ne
peut estre esleu ou continué au
bout de l'an, le R. P. Prouincial
non plus à la fin de son triennal,
& le Reuerendissime Pere General apres les six ans de son Generalat.

4. La prudence de nostre S.
Patriarche a esté gráde en donnant trois Conseillers ou Assistans à tous Superieurs, que l'on
nomme Senieurs ou Discrets, si
c'est pour les Peres Correcteurs
ou Collegues, ou Associez pour
les Prouinciaux & Generaux.

5. Les Superieurs locaux s'esli-
sent en chacun Conuent auec

vne telle prudence & fainctete,
qu'il n'y peut auoir de furprife,
& font confirmez aux Chapitres Prouinciaux ; les Prouinciaux font efleus aux Chapitres
Prouinciaux , & confirmez par
les Generaux; les Generaux aux
Chapitres Generaux , & confirmez par le S. Siege.

§. 6.

Vifites & Chapitres.

1. Les vifites fe font pour y ho-
norer les vertus, eftouffer toute
mauuaife femence d'imperfection, & pouruoir au defchet
de l'Ordre. 1. Par les Prouinciaux en leurs Prouinces. 2. Par
les Generaux ou leurs commis
Vicaires ou Vifiteurs tous les
fix ans vne fois. 3. Les Generaux & Prouinciaux pour des
nouuelles

nouuelles occurrences peuuent faire plusieurs fois la visite par eux ou autruy, s'il en estoit be-soin.

2. Et dautant que le bon con-seil est de plusieurs, & que no-stre Seigneur descouure les se-crets de son esprit aux vns plu-stost qu'aux autres, l'on tient tous les trois ans vn Chapitre Prouincial, tant pour y faire vn digne Prouincial en la place de l'autre dont le terme est expiré, que pour aduiser aux moyens de l'accroissement & ornement de l'edifice spirituel de l'Ordre. Tous les Superieurs des mai-sons formées s'y treuuent, auec vn commis ou deputé par le Chapitre local du Conuent.

3. Les Chapitres Generaux se tiennent tous les six ans; où se treuuent tous les Prouinciaux auec vn Conuent esleu és Con-

uents de chacune Prouince, &
choisi au Chapitre Prouincial de
la derniere année. En ceste generale assemblée, l'on procede
à l'élection d'vn nouueau General , auec tout plein de so-
lemnitez & ceremonies.

4. Les susdits Chapitres Generaux s'assignent successiuement
en Italie, puis en France, & finalement en Espagne, si ce n'est
que le sainct Siege en ordonne
autrement d'authorité absoluë.

§. 7

Distinction des Religieux, &
Armoiries de l'Ordre.

1. Il y a plusieurs sortes de personnes qui combattent sous l'o-
riflamme de la Charité de S.
François de Paule. Les Religieux, les Religieuses , & les

Laics ou Religieux de la troisiesme Reigle.

2. Les Religieux sont distinguez en trois Classes, sçauoir
premierement ceux qui sont
destinez au Chœur qu'on appelle Clercs, les Laics tels qu'estoit
S. François de Paule, & les freres Oblats. Les freres Laics ne
sont distinguez des Prestres, ou
non Prestres Clercs, qu'en ce
qu'ils n'ont la couronne Cleri-
cale, les freres Oblats sont distinguez en l'habit qui est different en sa forme, & en ce qu'il
est court, & au cordon auquel
n'y a pas cinq nœuds comme à
celuy des Clercs. Les Nouices
mesmes se cognoissent par l'habit different des Profez, tant nostre glorieux Instituteur a esté
prouide à éuiter toute confu-
sion & scandale.

3. Les filles Religieuses sont

distinguées en sœurs du Chœur
& Oblates, & ont difference
d'habits, ou en Professes & Nouices.

4.   La troisiesme Reigle est des
Reguliers ou Seculiers, & se
garde en trois sortes, par authorité speciale du S. Siege, par laquelle plusieurs du Tiers Ordre
s'assemblent, & font vn corps
de Religion & Monastere où
se gardent les trois vœux de Religion, auec la Reigle du Tiers
Ordre, & quelques autres particuliers Statuts, à la discretion
des Superieurs, & auec authorité du Pape. L'on a veu vn Conuent ainsi formé à Tolede en
Espagne, dit les Beates de *Iesus-*
Maria de Tolede. Elles different des sœurs Religieuses de
l'Ordre. 1. En ce qu'elles n'ont
le mesme habit. 2. Le quatriesme vœu. 3. La mesme Reigle.

4. Les mesmes priuileges. Ceste premiere maniere n'est point en prattique aujourd'huy.

II. En maniere Collegiale seculiere, quand plusieurs Prestres seculiers, ou filles s'assemblent en vne maison viuans en habit seculier, & seruans à nostre Seigneur auec quelque forme de Communauté, il s'en voit plusieurs de ceste sorte.

III. Communement dans le monde, là où les hommes & femmes mariées ou veufues, les Prestres mesmes viuent en leurs maisons priuement, en l'obseruance de ladite quatriesme Reigle. Voyce que nous en disons en nostre discours sur ladite troisiesme Reigle.

5. Les Armoiries de l'Ordre ont esté apportées du Ciel à nostre Pere S. François, & sont vn *Charitas* en lettre d'or sur vn

champ d'azur. On tient que le
Roy Charles huictiesme merita
de se rencontrer , lors qu'vne
bande d'Anges chantans vne
douce musique, les luy presenta
auec des honneurs & ioyes indicibles.

§. 8.

Liste des Generaux de l'Ordre.

Nostre glorieux Pere & Patriarche S François , qui auoit
esté creé General perpetuel de
son Ordre contre son gré par
le Pape, l'an de N. S. 1507. mourant en son Conuent de Tours
aagé de 91. an, presenta & nomma le R. P. Bernardin de Cropulatu son Confesseur, pour Vicaire general de tout son Ordre, iusques au premier Chapitre assigné à Rome. Ce sainct

personnage fut accepté des Religieux du Conuent , pour &
au nom de tout l'Ordre qu'il
gouuerna depuis le second Fe-
urier iusques au premier de Ianuier de l'an 1507. Car en tel iour
fust esleu des Peres de l'Ordre,
le R. P. Binet pour General de
tout l'Ordre , pourquoy nous
luy donnons le premier rang
entre tous.

1. Le Reuerendissime Pere
François Binet, fust le premier
General apres le Pere S. François , son humilité tres-profonde , & l'amour de la douce solitude & repos interieur luy es-
preindrent, & des yeux & du
cœur vne ondée de larmes en
plein Chapitre, quand il se vit
appellé à ce fardeau qu'il redoutoit estrangement. L'on eust
toutes les peines du monde à
luy faire accepter: l'authorité du

P iiij

Cardinal Vigere de Sauone President du Chapitre, ny la consideration des Peres qui luy
auoient donné leurs suffrages,
au nombre d'enuiron cinquante cinq ne le peurent iamais
combler à ceste resolution. Il
fallut y employer la speciale iussion & volonté du sainct Siege,
sous laquelle il fit ioug à la fin:
mais autant qu'il auoit esté restif
à accepter ceste charge, autant
aussi fut-il affectiõné & soigneux
à tout ce qui cõcernoit son office, que iamais l'Ordre ne se porta mieux que quand il fust en sa
direction. Il fust esleu (outre ses
autres rares & recommandables
qualitez) pource qu'il auoit pro-
curé courageusement la reception du quatriesme vœu, & de
la Reigle. Ie ne diray rien de la
noblesse de son extraction, &
comme il a esté Prieur du cele-

bre Monaftere de Marmouftier,
l'Hiftoire de l'Ordre compofée
par le P. Louys d'Attichy vous
en dira les particularitez comme des autres Generaux, ce qui
me fait traicter cecy legerement
& paffer au

2. Reuerendiffime P. Germain
Lyonnet, François, de la Prouince de Touraine, perfonnage
de tres grande obferuance &
pieté, lequel fuft efleu au Chapitre general tenu à Tours l'an
1511. Il obtint la feconde année
de fon Generalat, du Pape Leon
X. que l'on celebraft par tout
l'Ordre l'office de S. François
de Paule, comme d'vn Confef-
feur non Pontife. Il mourut deuant la fin de fon Generalat, &
laiffa pour Vicaire general le fufdit R. P. Binet, iufques au Chapitre General qui fe deuoit tenir à Tholofe, auquel

3.   Le fufdit Reuerendiſſime
Pere François Binet fuſt eſleué
pour la ſeconde fois à la charge
du Generalat, ce fuſt en l'an
1514. durant le Generalat il
s'employa diligemment & affectionnement aux pourſuittes de
la Canonization de noſtre Peré
S. François, il eut pour ſucceſſeur

4.   Le Reuerendiſſime Pere
François Gerdon, François, de
la Prouince de Touraine, homme d'vn tres grand & ſingulier
eſprit, il fuſt eſleu à Rome l'an
1517. la mort luy enuia le bon-
heur de pouuoir voir la triomphante Canonization du Pere
S. François, car il alla de vie à
treſpas vn peu deuant, nom-
mant pour Vicaire general en ſa
place, le R. P. Michel le Comte,
François, qui eſtoit alors Prouincial de Touraine. Ceſtuy cy dé

son temps euſt l'honneur de ſe
treuuer aux magnificences de la
Canonization ſuſdite. Il obtint
auſſi vne Bulle en faueur de noſtre Ordre, du Pape Leon di-
xieſme, qui cōmence, *licet alias,*
par laquelle il eſt deffendu aux
Peres du Tiers Ordre S. François, & autres Religieux ou
Hermites, de porter des habits
de ſemblable couleur ou forme
aux noſtres, ce qui a eſté nagueres confirmé derechef par le
Pape Paul V. L'année de la Canonization du Pere S. François,
qui eſtoit la 1519. de N. S. & la
12. depuis la mort de noſtre ſuſdit Pere, fuſt la derniere de ce
Generalat, apres lequel vint
pour la troiſieſme fois

5. Le Reuerendiſſime Pere
François Binet, qui eſtant em-
ployé proche de ſa Sainſteté à
Rome, en des affaires grande-

ment importantes, ne laissa d'e-
stre esleu General au Chapitre
tenu l'an 1520. au Conuent de
Nigeon lez Paris, en quoy fust
verifiée ceste sentence dorée,
que les honneurs cherchét ceux
qui les fuyent. Et comme ç'a-
uoit esté luy qui auoit fait toutes
les diligences de la Beatification
& Canonization de son Pa-
triarche : il dedia le commen-
cemét de son Generalat à impetrer vn office particulier du S.
Siege ; ce qu'il obtint, & en outre, ordonnance de le celebrer
en l'Eglise vniuerselle, par vne
Bulle dattée du cinquiesme de
Mars en l'an 1521. & le 9. du
Pontificat de Leon X. Il vit en
sa place

6. Le Reuerendissime P. Mar-
tial de Vicinia, François, de la
Prouince d'Aquitaine, personnage de saincte & religieuse

vie, il se rendoit fort affable &
facile à ses confreres, de peu de
paroles, & de grand effect : il disoit que la plus belle exhortation que sçauroit faire vn Superieur estoit d'estre de grande integrité & bon exemple. Il obtint plusieurs rares priuileges,
comme entr'autres celuy qu'ont
les Superieurs de l'Ordre, & le
plus ancien de leurs Discrets ou
Compagnons, de deliurer vne
ame de Purgatoire au S. Sacrifice de la Messe *per modum suffra-*
gÿ, tous les Lundis & Samedis
de chacune sepmaine. Il auoit
esté esleu au Chapitre general
tenu à Rome l'an 1523. auquel
il presida ayant esté deputé pour
ce faire par l'Illustrissime Cardinal Pistori, Protecteur de
l'Ordre. En fin il eust apres luy
7. Le Reuerendissime Pere
Iean Sutoris, François, de la Pro-

uince de France ou de Paris,
Religieux acomply & doüé de
belles perfections , qui fut esleu
au Chapitre tenu en Espagne
au Conuent de Malaga , dit de
nostre Dame de la Victoire, l'an
mil cinq cens vingt-six. Et fut
suiuy du

8.   Reuerendissime Pere Didier de la Motte, François, de la
Prouince de Paris, qui fut esleu
au Chapitre de Grenoble, l'an
1529. estant pour lors proche du
Pape Clement VII. Zeleur ou
Procureur general de l'Ordre,
peu auparauant quand les Espa-
gnols & Allemans la plus part
Lutheriens , surprindrent Rome. Ce bon Pere fut pendu par
les parties naturelles par ses heretiques , & guary miraculeusement au sepulchre de S. François de Paule à Tours , ainsi que
nous auons escrit cy-dessus en

la Vie de N. B. P. S. François de
Paule. Il estoit si inflexible à ce
qui estoit de la Iustice, que le
Pape Clement VII. le propo-
soit pour modele à imiter aux
Superieurs des autres Ordres.

9.   Le Reuerendissime Pere
François de Bellemere, Fraçois,
de la mesme Prouince. Il fut
esleu au premier Chapitre de
Gennes, l'an 1532. Ce docte
Pere estoit Predicateur Apostolique.

10.   Le Reuerendissime Pere
Gaspar Defosso, Italien, de la
Prouince de Calabre, grand
Theologien & insigne Predicateur, lequel a assisté au Concile
de Trente où il fust employé
aux plus honorables & importantes affaires pour son rare iugement & grande capacité. Il
auoit esté esleu au Chapitre de
Paule l'an 1535.

11.   Le Reuerendissime Pere
Bernard le Febure , François,de
la Prouince de Tholose ou d'A-
quitaine, homme fort versé és
lettres diuines & humaines. Il
fut esleu à Boulogne l'an 1538.il
disoit communement , que la
liberté & subiection estoient l'a-
uancement ou la perte des Religieux : celle-cy les faisant semblable aux Anges ; celle-là aux
diables. Ceux-cy pour vouloir
estre libres se font esclaues, &
ceux là s'assuiect issans au Crea-
teur ,se font libres comme luy.
12.   Le susdit Reuerendissime
Pere Gaspar Defosso,a esté esleu
pour la seconde fois au Chapitre de Valence, quoy qu'absent,
& apres son Generalat fust faict
Euesque de Scale, par le Pape
Paul III. & depuis Euesque de
Calue par le Pape Iules III. Et
à la requeste du Roy d'Espagne

Philippes second nommé à l'Archeuesché de Regge en Italie, par le Pape Pie IV. & a vescu auec ces Diocesains en grande paix, edifiant toute l'Eglise par sa doctrine & pieté, & seruant à la Republique Chrestienne, en tout plein d'œuures de marque. Il eust pour successeur

13. Le Reuerendissime Pere Marcel Palmery Italien de la Prouince de Calabre, lequel assistant au Chapitre de Boulogne l'an 1544. fut esleu General, comme vn des Peres plus zelez à l'obseruance reguliere, & fut suiuy du

14. Reuerendissime Pere Simon Guichard, François, de la Prouince de Paris, fameux Predicateur, & celebre Theologien, doüé entre autres vertus d'vne humilité tres-profonde. Il parloit parfaictement les lan-

gues Hebraïque, Chaldaïque,
Grecque, Syriaque, & Abyſſi-
ne : a ſeruy d'Interprete aux Papes Paul IV. & Pie IV. quand
quelque Ambaſſadeur venoit
à Rome des parties de Leuant.
Il fut eſleu General pour ſes
merites au Chapitre de Frejus
en Prouence, l'an 1547. Ce grãd
perſonnage a eſté fort familier
auec les premiers Peres de la
Compagnie de Ieſus, & particulierement auec le Pere Paſ-
quier Broet, qu'il fit cognoiſtre
à Meſſire Guillaume Duprat
Eueſque de Clermont, fils du
Chancelier & Cardinal Duprat,
& fut le premier Prouincial de
la Societé des Ieſuites en France. En fin le R. P. Simon Guichard mourut à Aix en Prouence, trauaillant touſiours pour
l'Egliſe, quoy qu'il fut caduc; les
heretiques luy aduancerent ſes

iours, car il estoit leur fleau ; vn peu deuant le Chapitre general, il fust quelque mois au Concile de Trente, où il fit paroistre son incomparable zele & capacité. En fin luy succeda

15. Le Reuerendissime Pere Iean Malras, Fraçois, de la Prouince de Tholose, Docteur en droict Canon & Ciuil, lequel apres auoir vescu auec grande reputation dans le maniement des affaires de la Cour, où il estoit Conseiller d'Estat, fuyant les honneurs, se retira en l'Ordre de S. François de Paule, où il fust esleu General au premier Chapitre de Valence, en l'an 1550. Estant General il fut à Rome en Ambassade vers le Pape Iules III. pour le Tres-Chrestien Roy de France Henry deuxiesme. Parquoy ne pouuant assister au Chapitre gene-

ral, il commit son auctorité au
R. Pere Iean Sutoris, qui ouurit
le Chapitre, en la place duquel
fut mis

16. Le Reuerendiſſime Pere
Hugues de la Chaux, François,
de la Prouince de Tholoſe,
homme fort addonné à la contemplation, eſtant à Rome Zeleur de l'Ordre, il fut eſleu l'an
1553. à Gennes , quoy qu'ab-
ſent.

17. Le Reuerendiſſime Pere
Hieroſme Arnon, Italien, de la
Prouince de Calabre , homme
docte & diſcret, fut eſleu au ſecond Chapitre de Frejus, l'an
1556. & fut ſuiuy du

18. Reuerendiſſime Pere Iean
de Beauregard, François, de la
Prouince de Paris, homme doüé
d'vne profonde cognoiſſance de
l'Eſcriture, lequel fut eſleu à
Gennes l'an 1559. Il s'eſtudia

particulierement à porter ses Religieux à la recollection, difant qu'il n'y auoit rié plus abominable qu'vn Religieux diftrait.

19. Le Reuerendiffime Pere Iean Iude, François, de la Prouince de France, fut efleu General à Valence l'an 1562. quoy qu'il refidaft pour lors à Rome, eftant Zeleur de l'Ordre.

20. Le Reuerendiffime Pere Iean de Fleuue-froid, Italien, de la Prouince de Calabre, homme fort verfé és lettres fainctes, fut efleu à Frejus l'an 1565.

21. Le Reuerendiffime Pere Marcel Palinery, fut efleu pour la feconde fois au troifiefme Chapitre de Rome, en l'an 1568.

22. Le Reuerendiffime Pere Gafpard Paffarello, Italien, de la Prouince de la Poüille, eftant Docteur és droicts fe fit Religieux. Il a efté grand Theolo-

gien, & vn des celebres Predicateurs de l'Italie, estant au troisiesme Chapitre de Valence, il fut esleu General le 25. de May de l'an 1571.

23. Le Reuerendissime Pere Valentin de Massa, Italien, de la Prouince de la terre de Labour, fut esleu le vingtiesme May de l'an 1574. au quatriesme Chapitre de Gennes.

24. Le Reuerendissime Pere Ioseph le Tellier, François, natif de Paris de la Prouince de France, Religieux fort zelé à l'obseruáce reguliere, eloquent Predicateur, insigne Theologien, fut esleu au premier Chapitre d'Auignon, en presence du tres-illustre Cardinal d'Armaignac, Archeuesque & Legat d'Auignon, & tres-digne Protecteur de l'Ordre, le 24. Iuin en l'an 1578. Ce grand ser-

uiteur de Dieu ayant vn soin,
prudence, vigilance, & austerité nompareille, s'acquitta de sa
charge auec vn applaudissement
de tous les gens de bien, &
chargé d'ans, d'honneur & de
merite, est mort le quatriesme
Nouembre de l'an 1613. non
sans opinion de saincteté, ayant
de son viuant eu la reputation
d'estre doüé de Prophetie. Il
eut pour successeur le

25. Reuerendissime Pere Al-
phonse de Villamaior, Espagnol de la Prouince d'Andalou-
sie, homme fort sage & eloquent, & fort versé en la cognoissance des Histoires sa-
crées & prophanes, lequel fut
esleu General au Chapitre de
Barcelonne, l'an 1581. le dernier
iour d'Auril.

26. Le Reuerendissime Pere
Estienne Carueuali de Fran-

cica, Italien, de la Prouince de
la Calabre superieure, esleu à
Gennes le cinquiesme May de
l'an 1584.

27. Le Reuerendissime Pere
Gregoire Carbonello, Italien
Calabrois, celebre Theologien
& Predicateur, fut esleu à Rome, le seiziesme May l'an 1587.
Et depuis peu estât compagnon
Italien du R. Pere Arias de Valcarcel a esté par nostre S. Pere le
Pape Paul V. fait, & est encore
maintenant Euesque de Neo-
cesarée. Ce Generalat a duré
six ans par la volonté du S. Pere
Sixte V. à cause que les visites
ne se pouuoient faire commodement en trois ans par tout
l'Ordre.

28. Le Reuerendissime Pere
Isidore Samblas, Calabrois de
la Prouince de sainct François,
estant bien allié & de grande
                    extraction,

extraction, quitta ses biens pour
viure en pauure Minime, & fut
crée General à Valence, le 20.
May en l'an 1593. auquel succeda

29. Le Reuerendissime Pere
Pierre de Mena , Espagnol de
la Prouince de Castille, Religieux de saincte vie & d'vne
conuersation honneste : estant
Prouincial de Castille , il a fait
voir à ceux de sa nation la vie
de sainct François de Paule en
langue Espagnolle, & le premier
iour de Iuin l'an 1596. fut esleu
General au contentement des
Electeurs au Chapitre tenu à
Gennes.

30. Le Reuerendissime Pere
Hierosme Durant ou Duranti,
François, de la Prouince de Fráce ; issu d'vne des honorables
familles de Prouence , est vn
des plus celebres Predicateurs

Q

de la France , & a rendu de
grands feruices à l'Ordre. Il fut
efleu General en Auignon l'an
1599. il vit encores plein de merite & reputation en la Prouince
de Prouence. Il eut pour fuc-
cefleur le

31. Reuerendiffime Pere Pierre
Hebert, perfonnage doüé d'v-
ne finguliere pieté , douceur,
modeftie , & profonde humilité , lequel apres auoir paffé par
toutes les charges de l'Ordre,
auec le contentemét & l'amour
d'vn chacun, eftant mefme lors
Collegue François , du fufdit
Reuerendiffime Pere Durant.
Il fut efleu General au Chapitre
de Barcelonne l'an 1602. auec
tous les vœux & fuffrages des
Peres, hors mis le fien qu'il donna au R. Pere François Hum-
blot (affez cogneu pour fa rare
doctrine, vraye humilité , pro-

digieuſe memoire & zele des
ames) noſtre Seigneur le con-
ſerue encor aujourd'huy comme l'vn des plus rares ornemens
de noſtre ſaincte Religion.

Icy le Generalat commence reglé-
ment à durer ſix ans, par au-
thorité du S. Siege.

32. Le Reuerendiſſime Pere
Eſtienne Auger Dauphinois,
ayant eſté Zeleur de l'Ordre,
fut eſleu General au Chapitre
de Gennes, au mois de May de
l'an 1605. & mourut viſitant
l'Eſpagne, en la place duquel
fuſt ſubſtitué le
33. Reuerendiſſime Pere Ma-
thias Chico Eſpagnol, homme
d'vne ſaincte vie, lequel tint la
charge iuſques au vingt-deu-
xieſme May de l'an 1611. au
Chapitre de Marſeille, auquel

fut esleu le

34   Reuerendissime Pere Diego Arias de Valcarcel, Espagnol, de la Prouince de Grenade, l'vn des premiers & plus profonds scholastiques de l'Espagne, Qualificateur de la saincte Inquisition. Il a visité tout l'Ordre auec vn grand soing & vigilance, a conserué & maintenu tous les Monasteres, & Maisons en leur integrité.

35. Le Reuerendissime Pere François à Mayda Calabrois, esleu à Rome le treiziesme May 1617. en presence de l'Illustrissime & Reuerendissime Augustino Galamini, Cardinal *d'Ara cœli*, Vice-Protecteur de l'Ordre, President audit Chapitre. Il a esté appellé par le Pape Paul V. d'heureuse memoire, à l'Euesché de Lauello en la Poüille, au commencement de Ian-

uier en l'an 1621. Le Pape Gregoire XV. à present seant, l'a
aussi confirmé en pareille charge, le vingt-septiesme Auril de
la mesme année 1621. Le susdit
Reuerendissime Pere est encores aujourd'huy viuant, & tenant les resnes de nostre petite
republique religieuse.

§. 9.

Des Peres de l'Ordre qui ont esté de la parenté & famille du B.P.S. François.

Depuis la naissance de l'Ordre iusques aujourd'huy, nostre
Seigneur y a addressé des des-
cendans de la sœur du glorieux
Pere S. François, tant pour y
empreindre la viue image de ses
imitables vertus, que pour y
operer au sujet de leurs person-

nes des miraculeuſes aſſiſtan-
ces, effects particuliers qu'il.a
d'eux au Ciel ; Ie les ſignaleray
icy, non tant pour ce que c'eſt
choſe illuſtre & glorieuſe à l'Ordre, de cherir ceux qui touchét
à ſon Inſtituteur par conſangui-
nité, que pour y adorer la prouidéce toute-puiſſante de Dieu,
qui par les merites de leur ſainct
parent a daigné faire des miracles au ſujet d'vn chacun d'eux,
peu exceptez.

1. Le premier Religieux Minime
parét de N. P. S. François a eſté
ſon propre pere, qui prit l'habit
des mains de ſon fils , voulant
eſtre enfant obeïſſant au fils que
Dieu luy auoit miraculeuſemét
donné & conſerué. Il eſt mort
entre les bras meſme du Pere S.
François, non ſans reputation
de ſain_ceté, ſi que dans le procez de la Canonization de ſainct

François de Paule , plusieurs tesmoings deposent que l'on le tient pour Sainct : nous en auons parlé cy-dessus.

Le second fust R. P. Pierre d'Alexio Italien , nepueu du Pere S. François, qui fust resuscité par son oncle trois iours apres sa mort en receuant l'habit de l'Ordre , comme nous auons depeint cy-dessus.

Le troisiesme fust le R. P. Nicolas d'Alexio, Italien, frere du susdit, & par consequent aussi nepueu du mesme Pere S. François.

Le quatriesme a esté le R. P. François d'Alesso, François, il estoit fils d'André d'Alexio, qui suiuit S. François de Paule en France , & vint au monde muet , & les pieds & les mains torses , Dieu le voulant ainsi pour donner vn beau champ à la

gloire du sainct Onole, qui par
ses prieres luy rendit la parole,
& redressa les pieds & les mains,
le destinant au seruice de son
Ordre, où il a vescu auec reputation & saincteté, y passant
par les charges qui le cherchoiét
lors que plus il les fuyoit, il estoit
l'intime du glorieux Martyr
de Iesus-Christ le P. Eustache
d'Auril Religieux de nostre Ordre.

Le cinquiesme a esté le R. P.
François d'Alesso, François, fils
de François d'Alesso sieur d'E-
ragny : il mourut en la fleur de
son aage, au grand regret des
Peres de l'Ordre, autant pour sa
grande pieté, que pour ses belles parties qui faisoient beaucoup promettre de luy. Et pour
tesmoigner qu'il n'a pas esté pri-
ué de la benediction de ses deuanciers ; i'ay appris de bonne

part qu'vn iour de S. François
de Paule, son sainct Oncle &
Patriarche luy apparust en l'In-
firmerie, où il estoit iettant des
hauts cris pour la douleur de la
grauelle qui l'affligeoit, lequel
le consola & luy allegea nota-
blement son mal, cecy arriua
à minuict comme l'on sonnoit
le dernier coup de Matines.

Le sixiesme est le R. P. Oliuier
Chaillou, fondateur du Conuent de Paris, il ne faut aucunes
preuues de la miraculeuse protection du P. S. François en son
endroit, à ceux qui ont cognoif-
sance de l'establissement de ceste Royale maison, contre lequel Satan a renouuellé les efforts qu'il fit du viuant du P. S.
François au Conuent de Grenoble. Tous sçauent que l'aduancement de ceste maison depen-
dant entierement de la grace

speciale que noſtre Seigneur luy
a donnée à ceſt effect. L'on fiſt
vn vœu pour la conſeruation
de ſa perſonne en vne maladie
deſeſperée. La modeſtie & profonde humilité qui reluit en
toutes ſes actions, m'interdiſent
vn plus ample recit tant de ſes
religieuſes vertus, que des merueilles de Dieu faictes à ſon occaſion. Ie diray ſeulement que
le Ciel l'a reſerué, & conſerué à
choſes grandes , & meſme nagueres eſtant Collegue du R.P.
Antoine du Pro Prouincial de
ceſte Prouince (outre le maniement des affaires ordinaires,
auſquelles ſa probité & integrité l'appellent) il a eſté choiſi
par le R. P. General pour ſon
Vicaire & Viſiteur és Prouinces
de France, charge qu'il a exercée
au gré & contentement d'vn
chacun.

7. Ie me pourrois loger à la 7. place, n'eſtoit que l'indignité de ma perſonne, me va tirant de la plume ceſte verité que ie ferois tort à l'honorable & deſirable memoire des autres. Toutesfois oſeray-ie bien dire qu'encores que ie n'aye eſté, & ne ſois imitateur des vertus de mon ſainᵗ Oncle & Patriarche, i'ay eſté pourtant le ſujet de ſes miraculeuſes miſericordes. *Venite & narrabo omnes qui timetis Deum, quanta per Franciſcum fecit Deus anima mea.*

8. Le V. P. Oliuier Hilarion de Coſte, Correᶜteur du Conuent de la Place Royale pour ceſte année mil ſix cens vingt-deux, duquel la modeſtie me fait ſupprimer ce que ie pourrois & deurois dire à ſon aduantage.

Et conclurre ce petit diſ-

cours par vne action de graces
au Tout-puiſſant pour ſes liberalitez prouidement departies à
tous ces Peres, d'où l'on peut
iuger combien c'eſt choſe heu-
reuſe & aduantageuſe de bien
ſeruir N. S. puiſqu'il ne borne
&limite ſes benedictiõs à vn ſie-
cle, ny à vne ſeule perſonne,
mais les va departant meſmement à toutes les branches &
dependances d'vne tige plantu-
reuſe, telle qu'eſt l'honorable
& eſtenduë famille des nepueux
de S. François de Paule.

§. 10.

Nombre des Chapitres Generaux de l'Ordre.

1.   Et dautant que cy deſſus a
eſté fait mention des Chapitres
Generaux, i'en ay tranſcrit icy

la liste, depuis le premier qui fut tenu la mesme année du trespas de N. P. S. François.

2. A ces Chapitres president d'ordinaire les Reuerendissimes Peres Generaux, & y assistent tous les R R. Peres Prouinciaux, le R. P. Zeleur ou Procureur General, quand il se tient à Rome, les trois R R. PP. Collegues du Reuerendissime Pere General, & vn Commis ou Deputé de chacune Prouince.

3. Quant à l'ordre des susdits Chapitres, il est tel.

Le 1. Chapitre General a esté tenu à Rome en l'an 1507.

Le 2. à Tours,	1511
Le 3. à Tholose,	1514
Le 4. à Rome II.	1517
Le 5. à Paris,	1520
Le 6. à Rome III.	1523
Le 7. à Malaga,	1526
Le 8. à Grenoble,	1529

Le 9. à Gennes I.	1532
Le 10. à Paule,	1535
Le 11. à Boulogne I.	1538
Le 12. à Valence I.	1541
Le 13. à Boulogne II.	1544
Le 14. à Frejus I.	1547
Le 15. à Valence II.	1550
Le 16 à Gennes II.	1553
Le 17. à Frejus II.	1556
Le 18. à Gennes III.	1559
Le 19. à Valence III.	1562
Le 20. à Frejus III.	1565
Le 21. à Rome IV.	1568
Le 22. à Valence IV.	1571
Le 23. à Gennes IV.	1574
Le 24. à Auignon I.	1577
Le 25. à Barcelonne I.	1580
Le 26. à Gennes V.	1583
Le 27. à Rome V.	1587
Le 28. à Valence V.	1593
Le 29. à Gennes VI.	1596
Le 30. à Auignon II.	1599
Le 31 à Barcelonne II.	1602
Le 32. à Gennes VII.	1605

Le 33. à Marseille I. 1611
Le 34. à Rome V I. 1617
Le 35. & dernier est ordonné à
Rome V II. en l'an 1623.

§. II.

Estenduë de l'Ordre, le nombre de
ses Prouinces & Conuents.

1. L'Ordre des Minimes est
estendu principalement en Italie, France, Espagne, & Flãdres,
& eust bien plus loin ietté ses
racines, n'eust esté la difficulté
de la vie quadragesimale, qui
ne se peut accommoder en toutes les contrées du monde.
Neantmoins la charité (qui selon S. Paul souffre tout) a fait
oublier les propres commoditez
du particulier & general, en forte que

2. Il y a bien pres de 400.

Conuents en tout l'Ordre, tant de Religieux que de Religieuses, lesquels tous en l'obseruance de mesme Reigle & Statuts obeissent à vn seul General, qui s'eslit de toutes les nations qui se reduisent à trois, sçauoir l'Italienne, Françoise, & Espagnolle.

3. En toutes ces trois nations, il n'y a que 28. ou 29. Prouinces gouuernées par leurs propres Prouinciaux, qui releuent toutesfois du R. Pere General. En voicy le denombrement auec l'Ordre selon l'ordonnance du dernier Chapitre General tenu à Rome.

La premiere Prouince est dicte de N. P. S. François, ou la basse Calabre.

La 2. } Prouin- { Touraine.
La 3. } ce de   { Messine.
La 4. }   { France, ou de
                      { Paris.

La 5.	⎫	Gennes.
La 6.	⎪	Aquitaine ou de Tholose.
La 7.	⎪	Grenade.
La 8.	⎪	Naples.
La 9.	⎪	La Poüille.
La 10.	⎪	Castille.
La 11.	⎪	Calabre superieure.
La 12.	⎪	Lyon.
La 13.	Prouin-	Valence.
La 14.	ce de	Toscane.
La 15.	⎬	Catalogne.
La 16.	⎪	Prouence.
La 17.	⎪	Chãpagne.
La 18.	⎪	Palerme.
La 19.	⎪	Seuille.
La 20.	⎪	Lombardie.
La 21.	⎪	Maillorque.
La 22.	⎪	La Marke d'Ancone.
La 23.	⎪	Abruce.
La 24.	⎪	Arragon.
La 25.	⎭	Flandres.

La 26. }
La 27. } Prouin- { Venise.
La 28. } ce de   { Lorraine.
                        { Comté de
                        (Bourgōgne.

La 29. pourroit estre l'Allema-
gne, mais la fureur des Lutheriens a mis à mort tous les Religieux qui y estoient, & s'est
emparé des Conuents qu'on y
auoit bastis du temps de N. P.
S. François.

<h2 style="text-align:center">§. 12.</h2>

*Des Martyrs, Saincts, & Illustres
Personnages de l'Ordre.*

1. Ceste petite plante ainsi
prouignée en plusieurs contrées de la Chrestienté, a porté
& esclos mille beaux fleurons
d'illustres Martyrs, & signalez
Religieux, en pieté, doctrine,
& saincteté, dont la gloire a esté

cachée sous l'humilité de ceux qui n'ont rien plus en affection que d'estre tenus vrayement Minimes: c'est à dire tres petits en toutes choses : quant à l'estime & creance des hommes, n'estans picquez que d'vne seule genereuse & eternelle ambition, sçauoir d'estre grands deuant les yeux clairs-voyans de Dieu. C'est pourquoy ie ne m'esloigneray pas icy de ce mesme esprit, & renuoyeray le Lecteur sainctemét curieux à l'Histoire generale de l'Ordre qui roule sur la presse, par la diligence & zele recommendable du Pere Louys d'Attichy, lequel y a appliqué la politesse & netteté de son style. 2. Toutesfois crainte d'estre reprochable de sacrilege, i'aduertiray seulement icy en passant, qu'il y a quatre grands luminaires en

l'Ordre que N. S. fait par chacun iour esclatter & briller des
clairs rayõs de miracles, si qu'ils
sont venerez par les suffrages
des peuples. Sçauoir 1. Le R. P.
Paul de Paterne, contempo-
rain de N P. S François, duquel
le corps est depuis cent ou six-
vingts ans, aussi entier & frais,
que s'il venoit nouuellement
d'expirer. 2. Le B. Frere Iean
de S. Marie Frere Oblat, la saincteté duquel a esté attestée par
vn grand nombre de miracles.
3. Et notamment le B. P. Gaspar de Bono, beatifié en Espagne au Royaume de Valence,
suiuy en mesme gloire de l'vne
de ses filles spirituelles. 4. La
B. S. Grace Valentinoise de la
troisiesme Reigle, desquels deux
ie ne diray rien plus, attendu
que nous auons escrit la vie &
miracles de l'vn & l'autre.

9 7 8 2 0 1 3 0 2 4 2 3 5